序

鑑於國際「洗錢防制暨反資恐」相關監理規定日益增多與查核的技術不斷地提升，我國金融機構面臨的法令遵循及衍生鉅額國際裁罰的風險因此快速提高。國際監理單位利用 CAATs 工具進行「洗錢防制暨反資恐」查核，進而找出多家金融機構在法規遵循上的漏洞並進行高金額的裁罰。

《洗錢防制法》修正案已於 2016 年 12 月 28 日總統公告，除防範洗錢第一線的金融機構(包含銀行、保險、證券、期貨等)之洗防專責單位外，新法擴大納入非金融業規範，包括律師、會計師、地政士、公證人、不動產經紀業、信託及公司服務業、融資性租賃業及銀樓業等均須加強洗錢防制等相關教育訓練。

國際電腦稽核教育協會(ICAEA)強調:「專業人員應是熟練一套 CAATs 工具與學習分析查核方法，來面對新的電子化營運環境的大數據挑戰，才是正道」。ACL 是國際上使用最廣的 CAATs 工具，因此本書以其為例，透過實例資料的演練，了解國際上最新洗錢防制的查核技巧，包含各種規避洗錢防制申報拆單交易查核技巧，實例上機演練提現為名轉帳為實、大額通貨交易申報正確性與完整性、拆單存款大額提領、密集拆單轉帳至第三人等，善盡洗錢申報與防制之法令遵循義務。

歡迎銀行、保險、證券、期貨之洗防專責單位、稽核、法遵、風控及律師、會計師、地政士、公證人、不動產經紀業、信託及公司服務業、融資性租賃業及銀樓業等相關專業人士，共同學習 CAATs 工作的應用，充分了解法遵科技之實務查核運作，迎上金融科技與金融國際化之潮流。

JACKSOFT 傑克商業自動化股份有限公司
黃秀鳳總經理
2017/01/10

電腦稽核專業人員十誡

　　ICAEA 所訂的電腦稽核專業人員的倫理規範與實務守則，以實務應用與簡易了解為準則，一般又稱為『電腦稽核專業人員十誡』。其十項實務原則說明如下：

1. 願意承擔自己的電腦稽核工作的全部責任。

2. 對專業工作上所獲得的任何機密資訊應要確保其隱私與保密。

3. 對進行中或未來即將進行的電腦稽核工作應要確保自己具備有足夠的專業資格。

4. 對進行中或未來即將進行的電腦稽核工作應要確保自己使用專業適當的方法在進行。

5. 對所開發完成或修改的電腦稽核程式應要盡可能的符合最高的專業開發標準。

6. 應要確保自己專業判斷的完整性和獨立性。

7. 禁止進行或協助任何貪腐、賄賂或其他不正當財務欺騙性行為。

8. 應積極參與終身學習來發展自己的電腦稽核專業能力。

9. 應協助相關稽核小組成員的電腦稽核專業發展，以使整個團隊可以產生更佳的稽核效果與效率。

10. 應對社會大眾宣揚電腦稽核專業的價值與對公眾的利益。

目錄

jacksoft | Technology for Business Assurance
www.jacksoft.com.tw

ACL實務個案演練

洗錢防制查核實例演練:
拆單轉帳與規避大額通貨申報交易查核

Copyright © 2017 JACKSOFT.

傑克商業自動化股份有限公司

JACKSOFT為台灣唯一通過經濟部能量登錄與ACL原廠雙重技術認證
「電腦稽核」專業輔導機構,技術服務品質有保障

國際電腦稽核教育協會
認證課程

Jacksoft Commerce Automation Ltd.　　　　　　　　　　　Copyright © 2017 JACKSOFT.

洗錢防制國際裁罰案例

即時新聞 》管控洗錢有漏洞 美罰渣打銀行90億元
Breaking news

【數位新聞中心／綜合報導】　　　　　　　　2014.08.20 05:10 pm

> 美國金融監管單位19日宣布,渣打銀行紐約分行
> 已就反洗錢監管問題,與他們達成和解,裁罰3億
> 美元(約90億台幣)。同時,香港分公司在問題

修正前,將會暫停為小型企業客戶提供美元結算業務。

2012年渣打銀行就因為涉入洗錢案,被美國監管單位盯上。當時美國紐約金融局宣
稱,渣打銀行涉嫌與伊朗從事洗黑錢活動長達10年,違反美國反洗錢條例。當時,
渣打銀行就為此賠上3.4億美元罰款,並且承諾加強監管。

但兩年之後,渣打的監管系統在美國看來仍是不合格。紐約州金融局19日聲明說,
按照2012年與該局達成的和解協議,渣打銀行在糾正有關反洗錢問題上仍不成功。

紐約州金融局負責人稱,如果一家銀行違背自己曾經做過的承諾,將會面臨後果。
同時也強調反洗錢監管方面的重要性,指出這對打擊恐怖主義等行為非常重要。

美國金融監管單位最近積極查處金融機構,特別是外國銀行在反洗錢等方面存在的
> 漏洞和違反美國法律的問題。法國巴黎銀行日前接受處罰,罰金總額高達近90億美
> 元(約2700億台幣),也創下美國對外國銀行開罰金額的紀錄。

2

- 渣打銀行為英國第5大銀行,2001年到2010年期間,涉嫌透過隱藏交易代碼手段,幫助伊朗銀行和企業躲避美方監管,所涉及交易達6萬筆,資金總額達2500億美元

- 渣打銀行除了支付3.4億美元外還需在紐約分支機構安排一名由紐約州金融服務局選定人員,主要為監督渣打銀行洗錢風險控制情況,並須設定專人監控每筆海外交易......

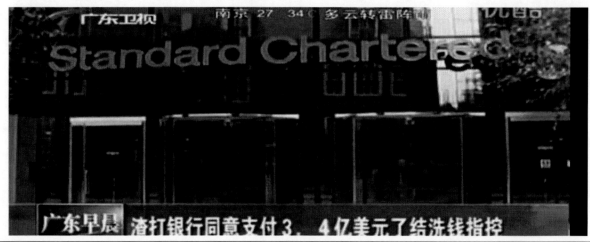

广东早晨 渣打銀行同意支付3,4亿美元了结洗钱指控

反洗錢案 花旗墨西哥銀行遭聯邦調查

【簡體】【列印版】【字號】大中小　　　　推文 0　　 8+1 0　 讚 分享 0

【大紀元2014年03月04日訊】(大紀元記者嚴海編譯報導)花旗集團(Citigroup Inc)表示,在該行披露旗下墨西哥銀行涉嫌欺詐賬單後不久,即收到聯邦存款保險公司

(FDIC)及麻薩諸塞州(Massachusetts)聯邦檢察官的傳票。

匯豐銀行就洗錢認罰19億美元

更新時間 2012年12月11日, 格林尼治標準時間03:47

來自美國的報導稱,匯豐銀行同意就為伊朗洗錢問題向美國當局繳納19億美元的高額和解金。

這是歷來此類案件中涉及的最高金額。

匯豐銀行同繳納罰款意味著該銀行將不必面臨美國的司法起訴。

據信美國當局可能將在星期二(12月11日)宣佈這一進展。

美國檢控官指責匯豐銀行通過美國金融系統為伊朗當局以及墨西哥販毒集團洗錢。

匯豐銀行此前承認銀行內部對洗錢行為的控制存在疏漏,上個月還宣佈預留15億美元以備繳納和解金或罰金。

而就在星期一,英國渣打銀行業同意支付3.27億美元,就美聯儲指控其違反美國對伊朗、利比亞和緬甸的制裁與美國方面達成和解。

匯豐銀行承認未能妥善杜絕洗錢問題

表示,因銀......反洗錢問......(Banco......)已收到麻......國家銀行的......但未透露這......查有關。

相關內容

渣打以三億多美元和解美聯署指控
匯豐出售所持全部平安保險股份
美國調查中資銀行與伊朗金融交易

......團上週五......年第四季度及......元。在此之......,發現在拖

相關新聞話題

金融財經, 美國

美國開罰銀行業涉洗錢案例　製表：編譯楊芙宜

時間	銀行	罰款(美元)	原因
2016	兆豐銀行紐約分行	1.8億	和巴拿馬分行交易涉違反銀行保密法及反洗錢規定
2015	花旗集團	1.4億	旗下Banamax防制洗錢有缺失
2014	摩根大通	26億	未報告龐氏騙局主謀馬多夫可疑活動
2014	渣打銀行	3億	反洗錢監管系統缺失
2012	渣打銀行	3.4億	協助伊朗洗錢
2012	匯豐銀行	19億	協助伊朗及墨西哥、哥倫比亞毒梟洗錢

參考資料來源:自由時報, 2016.09.02

法規遵循的壓力鍊

Penalized

Fines and forfeitures paid in U.S. sanctions-violations and money-laundering cases, in millions

HSBC 2012	$1,921 million
Standard Chartered 2012	667
ING Bank 2012	619
Credit Suisse 2009	536
ABN Amro 2010	500
Lloyds 2009	350
Barclays 2010	298
Bank of Tokyo-Mitsubishi 2012/2013	259
Clearstream Banking 2014	152
Royal Bank of Scotland 2013	100

Source: Department of Justice, OFAC filings　　　The Wall Street Journal

FCPA Top Ten Fines
(2007 – 2010)

1. Siemens: $800 million in 2008
2. KBR / Halliburton: $579 million in 2009
3. BAE: $400 million in 2010
4. Snamprogetti Netherlands B.V. / ENI S.p.A: $365 million in 2010
5. Technip S.A.: $338 million in 2010
6. Daimler AG: $185 million in 2010
7. ABB Ltd: $58.3 million in 2010
8. Baker Hughes: $44.1 million in 2007
9. Willbros: $32.3 million in 2008
10. Chevron: $30 million in 2007

Ouch...and there's even more:
These fines are imposed by the US only and do not include fines imposed by the other governments that may have been involved. For example, Siemens actually paid out $1.6 Billion in fines — the other $800 million went to a similar European law which is not reflected here.

Source: FCPA Blog

一場罰款的新經濟遊戲正在誕生

亞太洗錢防制組織（APB）

~2018年將檢驗台灣金融機構
我們是否做好防制洗錢相關準備?

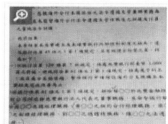

台○金對違反洗錢防制法相關規定，罰鍰20萬元說明
2007/12/24 16:28

證交所重大訊息公告

(2887)台○金控-茲針對金管
權規定事項之相關規定，致核

1.事實發生日:96/12/21

2.發生緣由:依據96/12/19

3.處理過程:確認裁處書內容

4.預計可能損失:新台幣20萬

5.可能獲得保險理賠之金額::

6.改善情形及未來因應措施:i
實際代理人資料,並加強督導相

臺○銀行違反洗錢防制法第7條第1項

一、 裁罰時間:103年11月4日

二、 受裁罰之對象:臺○銀行

三、 裁罰之法令依據:洗錢防制法

四、 違反事實理由:臺○銀行營業
查局申報,違反洗錢防制法第7條第
條規定事項。

五、 裁罰結果:核處新壹幣20萬元

首頁 > 重點新聞

兆○案金管會裁罰1千萬 解除6人職務

發稿時間: 2016/09/14 18:47　最新更新: 2016/09/14 21:35　字級:

(中央社記者陳政偉台北14日電)兆豐銀行遭美重罰1.8億元案,金管會今天公布行政調查裁處,開罰兆豐銀新台幣一千萬元,並解除兆豐金法人代表的蔡友才前董事及過渡前總經理等六人職務,為金管會裁罰銀行業最重案例。

依法令規定,遭解職後,未來5年不得回任金融圈。

金管會指出,關於兆豐銀行在8月19日遭DFS裁罰美金1.8億元一案,經驗分析比對,約30樣態人及帳戶疑似持續打實地查核結果,請兆豐銀行及相關人員陳述意見,經核兆豐銀行經營管理及處理過程未落實建立及未去確實執行內部控制制度,有礙健全經營。

金管會說,兆豐商核查未落實建立及未去確實執行內部控制制度的缺失,違反銀行法,故處解除兆豐金融控股公司所派任兆豐銀行法人代表蔡友才的董事職務,並命兆豐銀行解除吳漢卿的總經理職務,紐約分行經理黃士明職務,與黃鴻的副總經理職務,鄭小慧的總稽核職務,陳天瑞的法遵長職務。

另外,金管會指出,兆豐銀行總經理陳池陽離任總經理期間,紐約分行有未申報疑似洗錢交易的缺失,為其違任總經理期間,樂國主管機關對紐約分行的評等都造待澄清。且DFS在104年1月進行檢查的需理期間,其已離職,在8月16日擔任董事長做出積極處理本案,因此由兆豐銀行檢討其責任,併其他主雇人員,將迅處情形向報金管會。1050914

來你可能還想看:

兆豐銀遭重罰1.8億美元 7年賺利泡湯

4

7

洗錢防制法令規定

洗錢防制相關法規
及
洗錢防制政策

認識客戶
(KYC)

客戶背景調
查(CDD)

疑似洗錢交易
申報制度

大額通貨交易
申報制度

8

金融機構防制洗錢的角色與功能

・洗錢防制範圍：防制洗錢行為(洗錢防制)與
　　　　　　　　防制資助恐怖主義金融活動(防恐金融)

◆洗錢行為，大部分皆是透由金融機構，利用假名、借名利用金融機構移動其犯罪收益。

◆洗錢防制法將18種常被洗錢者利用管道納入「金融機構」定義範圍，其中保險事業也被列為洗錢防制法適用之範圍。洗錢者以往多以不法所得購買人壽保險或年金保險，而近年來投資型保險商品所兼具之投資功能，亦已成為洗錢者注意之目標。

◆各金融機構須負擔下列3項義務(洗錢防制法)：

訂定防制洗錢應注意事項、申報「大額通貨交易報告」、申報「疑似洗錢交易報告」。

9

防制洗錢及打擊資助恐怖主義相關法令規定與注意事項範本

10

金融機構防制洗錢及打擊資助恐怖主義注意事項範本

中華民國銀行公會

「銀行防制洗錢及打擊資助恐怖主義注意事項範本」

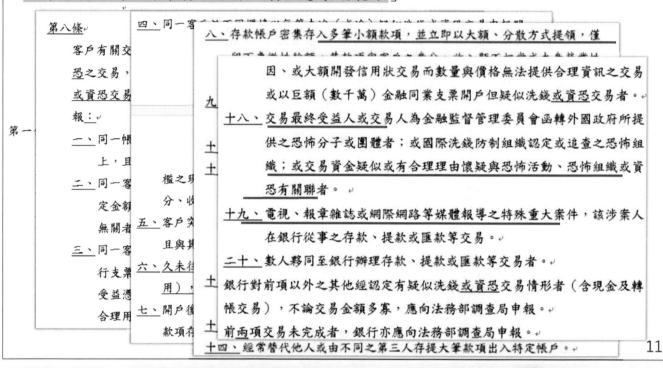

第八條

　　客戶有關交

恐之交易，

或資恐交易

　　報：

第一

一、同一帳

　　　上，且

二、同一客

　　　定金額

　　　無關者

三、同一客

　　　行支票

　　　受益憑

　　　合理用

四、同一客戶於同時間或同一營業日（或連）同一收受金融機構存入鉅額現

五、客戶突

　　　且與其

六、久未往

　　　用），

七、開戶後

　　　款項有

八、存款帳戶密集存入多筆小額款項，並立即以大額、分散方式提領，僅

　　　　因、或大額開發信用狀交易而數量與價格無法提供合理資訊之交易

　　　　或以巨額（數千萬）金融同業支票開戶但疑似洗錢或資恐交易者。

九、

十八、交易最終受益人或交易人為金融監督管理委員會函轉外國政府所提

　　　　供之恐怖分子或團體者；或國際洗錢防制組織認定或追查之恐怖組

　　　　織；或交易資金疑似或有合理理由懷疑與恐怖活動、恐怖組織或資

　　　　恐有關聯者。

十九、電視、報章雜誌或網際網路等媒體報導之特殊重大案件，該涉案人

　　　　在銀行從事之存款、提款或匯款等交易。

二十、數人夥同至銀行辦理存款、提款或匯款等交易者。

銀行對前項以外之其他經認定有疑似洗錢或資恐交易情形者（含現金及轉

帳交易），不論交易金額多寡，應向法務部調查局申報。

前兩項交易未完成者，銀行亦應向法務部調查局申報。

十四、經常替代他人或由不同之第三人存提大筆款項出入特定帳戶。

11

《洗錢防制法》修正 車手可判5年　>>詳全文

洗錢防制申報義務
律師　會計師　房仲
要有洗錢防制申報義務

《洗錢防制法》修

律師 會計房仲須通報

2016年08月26日

兆豐銀副總梁美琪昨以證人身分出庭。劉耿豪攝

修

放

防

罪

才

通報義務，一旦發現客戶資金異常流動就須

通報調查局，否則最重會被處以二十五萬元

罰鍰。

人頭 取贓款算洗錢

法務部指出，國際社會日益重視跨境犯罪、洗錢等行為，台灣為與

國際接軌並強化打擊跨境電信詐欺犯罪、人肉運鈔洗錢的決心，因

此重新修正《洗錢防制法》，將常見詐騙案件中，提供帳戶供人詐

騙的人頭、協助領取贓款的車手，此兩類犯行明確列為洗錢行為，

並以《洗錢防制法》規範。

核義務，台

辦中，檢方

陳天祿和企

《金控法》

，列入洗錢

重大犯罪的

併科5百萬元

罰金

降低門檻：

・「重大犯罪」門檻，從最重5年降為最重3年的案件均適用；增列

環保、人口販運與智慧財產等罪

・刪除犯罪所得須達5百萬元才構成洗錢的限制

增列通報義務人：將律師、會計師和不動產仲介業者列入通報義務

人，負有審核及向調查局通報義務，否則最重可處25萬元罰鍰

資料來源；法務部

TW 蘋果日報

12

國際內部控制與稽核大趨勢

稽核與管理人員將更依賴 大數據資料分析技術

The Year Ahead

Experts predict that internal auditors will rely more on analytics in 2015, and that stakeholder expectations will continue to rise.

👤 Russell A Jackson   🕐 November 30, 2014   💬 0 Comments

Crystal balls are notoriously cloudy. The details of the future — in internal auditing and every other professional discipline — make precise prognostication virtually impossible. That's why some companies launch products that ultimately find no audience. And it's why some entities are blindsided by new legal risks or regulatory challenges. Indeed, predicting what any profession will look like in the future can be a dicey proposition.

But if the right group of experts is assembled, trends emerge from even the murkiest of crystals. And when the best minds in internal audit recently discussed how their profession will change in the next 12 months, a common theme of increased analytics use in all areas of internal audit, and in most areas of the enterprise, came to light. Staffing may be different next year, too, and the mix of skill sets at your morning strategy sessions may change. As well, stakeholder expectations will probably continue in the same direction they've been headed lately — up — and auditors will likely hew more and more to the Three Lines of Defense model. If predictions bear out, the coming year could be one of significant progress and change for the profession.

資料來源: IIA

13

傳統的內控審核方法失效

■ 許多回顧式的方法不再有效

- 標準資料格式的報表
- 審計抽樣(Sampling)方式
- 依賴ERP 程式進行內部控制

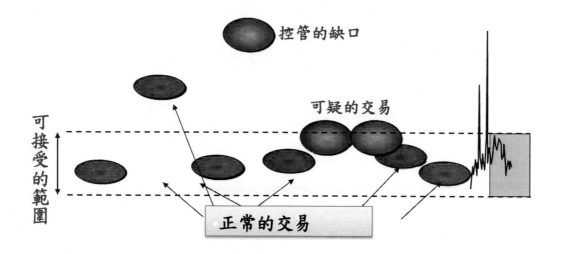

14

全球會計教育的大變革

AACSB（The Association to Advance Collegiate Schools of Business）為目前世界上最重要的商管專業教育國際認證機構，其包含：商業認證(Business) 和會計認證(Accounting) 兩種。
最新的會計認證(Accounting)新增一項重要的標準:對會計畢業生
資訊科技技術與知識的要求
(Information Technology Skills And Knowledge for Accounting Graduates):
data sharing, data analytics, data mining, data reporting and storage within and across organizations

Standard A7 White Paper

AACSB International Accounting Accreditation Standard A7: Information Technology Skills and Knowledge for Accounting Graduates: An Interpretation

An AACSB White Paper issued by:

AACSB International Committee on Accreditation Policy
AACSB International Accounting Accreditation Committee

15

大數據資料的稽核分析時代

- 查核項目之評估判斷
- 資料庫之資料量龐大且關係複雜

大數據分析三步曲

海量資料
快速分析

DATA
⬇
INSIDE
⬇
ACTION

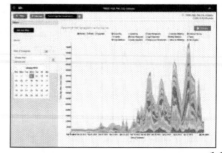

目前ACL台灣大數據資料記錄:
8億3千多萬筆分析SAP ERP庫存
異動檔MSEG資料

16

電腦稽核相關技術與軟體應用實務

依電腦稽核測試系統的方式分類

繞過電腦查核 (Auditing Around the Computer)	透過電腦查核 (Auditing Through the Computer)	利用電腦查核 (Auditing With the Computer)

17

電腦輔助稽核技術(CAATs)

- **稽核人員角度**所設計的通用稽核軟體，有別於以資訊或統計背景所開發的軟體，以資料為基礎的Critical Thinking(批判式思考)，**強調分析方法論**而非僅工具使用技巧。

- 適用不同來源與各種資料格式之檔案匯入或系統資料庫連結，其特色是強調有科學依據的抽樣、資料勾稽與比對、檔案合併、日期計算、資料轉換與分析，**快速協助找出異常**。

- 最大的特色是個人電腦即可操作，可進行巨量資料分析與測試，**簡易又低成本**。

表:IIA與AuditNet組織的年度稽核軟體使用調查結果彙整

稽核軟體調查報告					
稽核軟體名稱	使用度(近似值)				
	2004年	2005年	2006年	2009年	2011年
ACL	50%	44%	35%	53%	57.6%
EXCEL	20%	21%	34%	5%	4.1%
IDEA	4%	8%	5%	5%	24.1%
其他	26%	27%	26%	37%	14.1%

18

Who Use CAATs進行資料分析?

- 內外部稽核人員、財務管理者、舞弊檢查者/鑑識會計師、法令遵循主管、控制專家、高階管理階層..
- 從傳統之稽核延伸到財務、業務、企劃等營運管理
- 增加在交易層次控管測試的頻率

電信業	流通百貨業	製造業
金融業	醫療業	服務業

ICAEA國際電腦稽核教育協會

ICAEA(International Computer Auditing Education Association)國際電腦稽核教育協會，總部設於**電腦稽核軟體發源地-加拿大溫哥華地區**的非營利性的國際組織。

ICAEA協會的宗旨為以實務為導向，提供有志從事電腦稽核工作的人士一個快樂學習的路線，快速協助稽核人員發揮專業價值。

ICAEA 專業證照

- 有別於一般協會強調理論性的考試，所有的ICAEA證照均須通過電腦上機實作專案的測試。

- ICAEA以產業實務應用為導向，提供完整的電腦稽核軟體應用認證教材、實務課程、教學方法、專業證照與倫理規範。

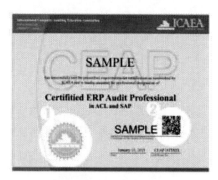

證書具備鋼印與QR code雙重防偽

Focus on the Competency for Using CAATs

世界公認的電腦稽核軟體權威

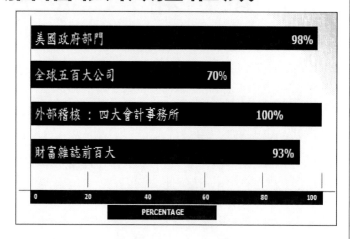

Transform Audit and Risk

	百分比
美國政府部門	98%
全球五百大公司	70%
外部稽核：四大會計事務所	100%
財富雜誌前百大	93%

ACL在全球150個國家使用者超過21.5萬個

- 二十多年來是稽核、控制測試、與法規遵循技術解決方案的全球領導者

- 全球僅有可以服務超過400家Fortune 500 的商用軟體公司

- 比四大會計師事務所更專業的稽核顧問公司

Modern Tools for Modern Time

- ## 軟體及服務的新時代
- ## 使用軟體的重點 80/20 法則
- ## 使用軟體的重點是要產生績效
- ## 使用軟體的重點要創新

ISPIRATION

ACL Connections 2016

Be the most sought-after

23

AN (ACL Data Analytics Subscription)

特色說明：

- 友善介面：更美觀與直覺式操作介面，但熟悉的指令不變。
- 使用者控管：可安裝多台電腦，管理人員可以彈性管理與指派使用人員。
- 稽核程式庫：提供Script範本超過300支，輕鬆下載使用。
- 查核錦囊：提供一般與行業別常用的電腦查核項目說明.
- 線上學習：完整的線上教學，學習不中斷。
- 用戶指南：說明基本操作方法與最新更新資訊。
- 技術中心：合併原知識庫與使用者論壇，協助深入使用發揮更大效益。
- 雲端報表：提供雲端服務讓使用者可以上傳報表試用部分ACL GRC圖表分析功能。
- 使用才付費：每年不需維護費，即使中斷再使用也無需升級費用

24

A New, Fully Integrated Experience

ACL GRC

ACL Analytics

ONE PASSWORD TO RULE IT ALL

ACL LAUNCHPAD

INSPIRATION 查核靈感

SUPPORT 技術支援

RESULTS CLOUD ACL 雲端報表

SCRIPT HUB ACL 程式庫

ACADEMY ACL 線上課程

25

稽核程式撰寫更簡易

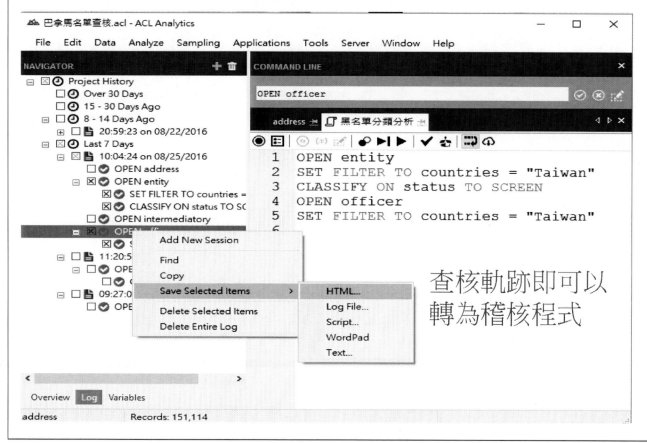

查核軌跡即可以轉為稽核程式

26

超過300支的常用ACL 範本Script

隨時增加新 SCRIPT

點選即可以下載至AN

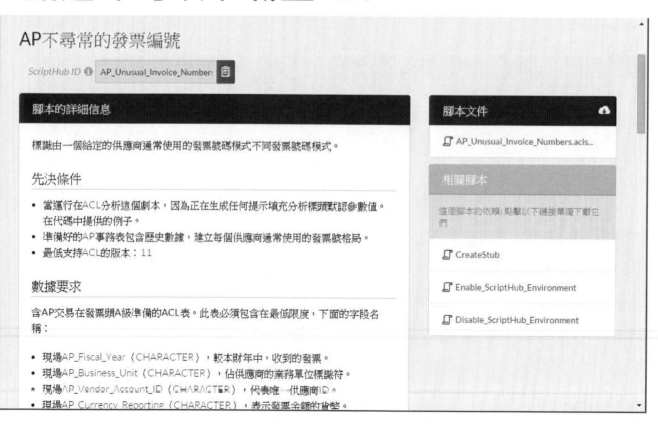

點選即可以取得稽核程式

29

和國際同品質的稽核程式再利用

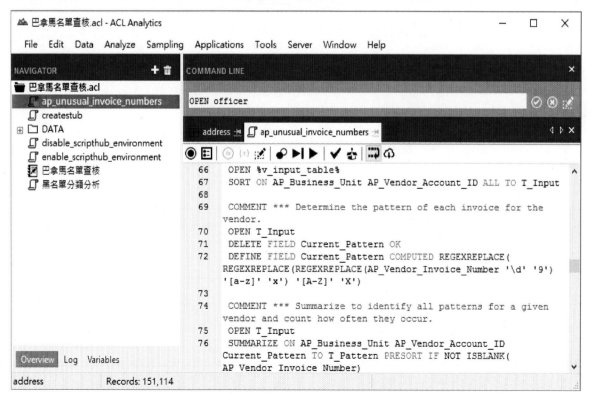

30

提供不同分類查核項目的建議

家 | 我的列表 | 搜索 | 有助於 | 排行榜 | 關於 | ScriptHub | 2.0啟示

啟示

數百幾十年的來自世界各地的ACL倡議建立的經驗分析思路。*瀏覽*，*貢獻*，以及*評論*引發的靈感。

！ NEW !!! 我們剛剛增加了大量的新靈感為你在我們的AML，公共部門和遊戲節！

按類別瀏覽

紫類別寬闊的父類。橙色類別有更詳細的子類別。

查看全部	一般	公共部門	賭博	製造業	金融服務	衛生保健

顯示1 25 1585

31

提供各項創新的查核靈感

公共部門

靈感來襲！
我們正在努力帶來更多的分析思路，以你的指尖。請耐心等待！

Search By Keyword	搜索

顯示1-10 的13　　　　　　　　　10每頁 ▾　第1頁▾ 的2 ‹ ›

名稱	描述	分類標籤	風險標籤	註釋	收藏夾
SSN死亡名單	通過識別提交的死亡者根據權利要求確認保險資格的有效性	失業保險 公共部門	潛在欺詐 剖析		♡ 1
就業索賠	驗證是否UI索賠人通過交叉匹配的新員工數據庫實際使用	失業保險 公共部門	潛在欺詐 剖析	○ 1	♡ 1
熱的IP地址	識別多個權利要求所通過相同的，"熱"的IP地址提交	失業保險 公共部門	潛在欺詐 剖析	○ 1	♡ 1

32

ACL防制洗錢查核範例

Anti-Money Laundering (AML)

Fraud detection in banking is a critical activity that can span a series of fraud schemes and fraudulent activity from bank employees and customers alike. Since banking is a highly regulated industry, there are a multitude of external compliance requirements that banks must adhere to in the combat against fraudulent and criminal activity.

From overdrawn accounts to AML compliance, ACL has you covered. Get started today with our extensive library of analytic tests.

Sanctioned accounts

Description

Identify any accounts with prohibited customers from a sanction list. Match the accounts file with a sanctioned individuals list and filter for any individuals appearing on both lists. Sanctioned list may depend on your organization's industry:

- System Award Management (SAM) list
- Office of Foreign Asset Control (OFAC)'s Specially Designated Nationals (SDN) list

Considerations

* Use customer address if available, along with names.
* Use the ISFUZZYDUP ( ) function or DICECOEFFICIENT ( ) function to ensure similar names entered in different formats are identified.
* If available, also compare with any black listed individuals listings available.

Example

Customer Walter Murray is a name flagged in the OFAC's SDN list for having ties with members of a narcotics trafficking group. Due to this apparent risk, the customer's account may require thorough review to ensure transactions are valid and legitimate.

Category	Anti-Bribery & Anti-Corruption (ABAC) Life Insurance Property & Casualty Insurance Insurance Anti-Money Laundering (AML) Financial Services
Tag(s)	Potential for Fraud Profiling
ScriptHub Link(s)	- Import SAM List · Exclusions Public Extracts · VBScript - Import OIG LEIE · CSV · List of Excluded Individuals / Entities · VBScript - Import Corruption Perception Index (CPI) 2014 · VBScript

Supporting Code Snippets:

- Standardize Corporate Names
- Standardize Name · Nicknames
- Standardize Name · Prefix and Suffix
- Standardized Address · Method 2
- Standardized Text · NYSIIS
- Acronym Matching
- Clean Middle Initial

ACL洗錢電腦稽核建議項目(52項)

序號	查核項目	說明
15	Split transactions exceed AML threshold 拆散交易超逾防制洗錢門檻	Identify split transactions which exceed the AML threshold 辨別拆散交易合計數,超逾防制洗錢門檻值。
16	Abnormal cash deposit 異常現金存款	Identify all abnormal cash deposits 辨別所有現金異常存款。
17	Premature withdrawals from FD (Fixed/Term Deposit) 過早提領的定存	Identify Fixed/Term Deposits (FD) that are uplifted or transferred before maturity 辨別定期存款在到期前被提出或轉移。

ACL洗錢電腦稽核建議項目

序號	查核項目	說明
18	Accounts with different addresses 帳戶相異地址	Identify accounts with different addresses 辨別相同帳戶不同地址。
19	Many individuals depositing into same account 多人存款到同一帳戶	Identify accounts with deposit payments from multiple individuals 辨別多人使用存款支付到同一帳戶。
20	Joint account holders 共同帳戶持有人	Identify joint accounts where transactions are solely done by the joint account holder (and not the principal account holder) 辨別共同帳戶交易僅由單方帳戶持有人使用(且非主要帳戶持有人)
21	Low average account balances 低於平均帳戶之餘額	List accounts where the most balances are withdrawn and only minimal amount is retained as the balance 列出帳戶多數餘額被提領，只有保留小量餘額在該帳戶內。

ACL拆單大法
查核模式應用

拆單大法查核模式的應用

- 採購付款: 拆單請購或採購
- 洗錢防制: 拆單轉帳
- 不實交易: 拆單訂購
- 健保給付: 藥品給付限制
- 圍標
- ....

舞弊查核武功秘笈 - 拆單大法

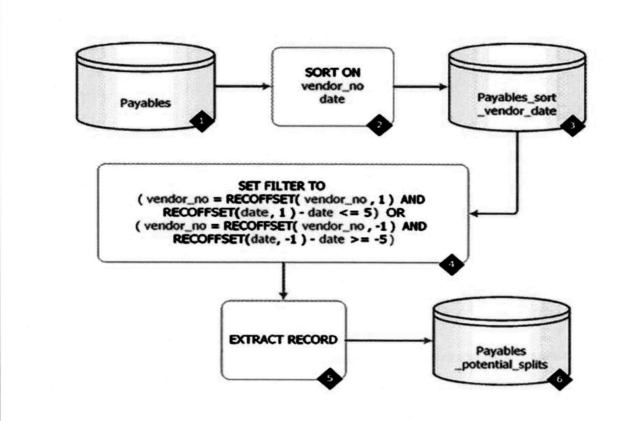

使用SQL 語法

```
SELECT MAIN1.CREATION_DATE "請購日期"
     , MAIN1.PR_NUMBER       "請購單號"
     , MAIN1.LINE_NUM        "請購明細行"
     , MAIN1.ITEM            "請購料號"
     , MAIN1.QUANTITY        "請購數量"
     , MAIN2.PR_NUMBER       "疑似重覆單號"
     , MAIN2.LINE_NUM        "疑似重覆明細行"
     , MAIN2.QUANTITY        "疑似重覆數量"
FROM
    (SELECT TRUNC(PRHA.CREATION_DATE) CREATION_DATE
          , PRHA.SEGMENT1 PR_NUMBER
          , PRLA.LINE_NUM
          , MSI.SEGMENT1  ITEM
          , PRLA.QUANTITY
          , PRHA.ORG_ID
    FROM PO_REQUISITION_HEADERS_ALL PRHA
       , PO_REQUISITION_LINES_ALL PRLA
       , (SELECT DISTINCT MSI.INVENTORY_ITEM_ID,MSI.SEGMENT1 FROM MTL_SYSTEM_ITEMS_B
MSI) MSI
     WHERE PRHA.REQUISITION_HEADER_ID=PRLA.REQUISITION_HEADER_ID
       AND PRLA.ITEM_ID=MSI.INVENTORY_ITEM_ID
       AND (PRHA.CANCEL_FLAG IS NULL OR PRHA.CANCEL_FLAG='N')
       AND PRLA.QUANTITY<>0 ) MAIN1,
    (SELECT TRUNC(PRHA.CREATION_DATE) CREATION_DATE
          , PRHA.SEGMENT1 PR_NUMBER
          , PRLA.LINE_NUM
          , MSI.SEGMENT1  ITEM
          , PRLA.QUANTITY
          , PRHA.ORG_ID
    FROM PO_REQUISITION_HEADERS_ALL PRHA
       , PO_REQUISITION_LINES_ALL PRLA
       , (SELECT DISTINCT MSI.INVENTORY_ITEM_ID,MSI.SEGMENT1 FROM MTL_SYSTEM_ITEMS_B
MSI) MSI
     WHERE PRHA.REQUISITION_HEADER_ID=PRLA.REQUISITION_HEADER_ID
       AND PRLA.ITEM_ID=MSI.INVENTORY_ITEM_ID
       AND (PRHA.CANCEL_FLAG IS NULL OR PRHA.CANCEL_FLAG='N')
       AND PRLA.QUANTITY<>0 ) MAIN2
WHERE MAIN1.CREATION_DATE=MAIN2.CREATION_DATE
  AND MAIN1.ITEM=MAIN2.ITEM
  AND (MAIN1.PR_NUMBER<>MAIN2.PR_NUMBER OR (MAIN1.PR_NUMBER=MAIN2.PR_NUMBER AND
MAIN1.LINE_NUM<>MAIN2.LINE_NUM))
  AND MAIN1.ORG_ID=MAIN2.ORG_ID
  AND MAIN1.CREATION_DATE BETWEEN :p_from_date and :p_to_date
  AND MAIN1.ORG_ID=:p_org_id
ORDER BY 1,2
```

ACL指令說明—SORT

在ACL系統中，提供使用者SORT 指令，可以快速的建立依某條件排序的實際新資料表單，讓查核者可以利用來進行後續分析。

```
SORT ON {key_field <D>} <...n> TO tablename <IF test> <WHILE test>
<{FIRST|NEXT} range> <APPEND> <OPEN> <ISOLOCALE locale_code>
```

ACL函式說明 — RECOFFSET ( )

在ACL系統中，若需要依相同欄位進行上下筆資料的比較，便可使用RECOFFSET( )函式完成，它允許查核人員快速的於大量資料中，依規則進行上下筆資料比對，抓取所需的資料值的記錄。

RECOFFSET(field, number_of_records)

Vendor No	Vendor Name	Amount
10001	ABC	100
10001	DEF	400
10001	IJK	500
10002	XYZ	200
10003	TUV	300

Vendor No	Vendor Name	Amount
10001	ABC	100
10001	DEF	400
10001	IJK	500

SET FILTER TO Vendor NO = RECOFFSET(VendorNO, 1) or Vendor NO = RECOFFSET(VendorNO, -1)

41

Examples

Vendor No = RECOFFSET(Vendor No,1)

 現在位置

Vendor No	Vendor Name	Amount	
10001	ABC	100	Vendor No
10001	DEF	400	RECOFFSET(Vendor No,1)
10002	XYZ	200	RECOFFSET(Vendor No,2)
10003	TUV	300	RECOFFSET(Vendor No,3)

Vendor No = RECOFFSET(Vendor No,-1)

Vendor No	Vendor Name	Amount	
10001	ABC	100	RECOFFSET(Vendor No,-2)
10001	DEF	400	RECOFFSET(Vendor No,-1)
10002	XYZ	200	Vendor No
10003	TUV	300	RECOFFSET(Vendor No,1)

現在位置

42

ACL指令說明—EXTRACT

在ACL系統中，可由使用中資料表將已選取的欄位或記錄萃取出產生新的資料表，因此可獨立出作業所需的資料欄位或記錄，允許查核人員快速的進一步處理、分析萃取出的子資料表(sub-set)。

運用ACL進行洗錢防制查核專案

➤ 專案規劃方法採用六個階段：

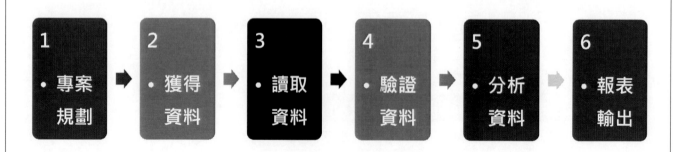

1	2	3	4	5	6
• 專案規劃	• 獲得資料	• 讀取資料	• 驗證資料	• 分析資料	• 報表輸出

1. 專案規劃

查核項目	高風險疑似洗錢專案查核	存放檔名	規避申報或拆單異常交易查核
查核目標	查核確認是否有疑似規避大額申報或拆單轉帳交易之情形發生。		
查核說明	針對客戶存款與轉帳交易紀錄進行查核，檢核是否有須深入追查之規避大額申報或拆單轉帳交易紀錄，以查核是否有違反法規之情事。		
查核程式	1. **疑似規避大額通貨交易申報查核**：列出單筆交易金額**大於等於40萬且小於50萬**疑似規避大額交易申報清單。 2. **大額通貨交易申報正確性及完整性查核**：查核大額交易客戶**申報是否正確與完整**。 3. **臨櫃現金存款或提領拆單交易查核**：查核臨櫃現金交易資料中，找出同一天、同一交易行、同一櫃號，**每一筆交易時間**與上一筆或下一筆時間小於等於兩分鐘者。 4. **拆單存款大額提領交易查核**：查核帳戶存入與提領交易資料，找出存款帳戶**密集存入多筆小額款項**，並立即以大額方式提領之存入交易紀錄。 5. **密集拆單轉帳至第三人交易查核**：查核轉帳交易資料，找出先將大筆的金錢分散轉入數個他人帳戶，再由數個他人帳戶集中轉入第三方帳戶，**疑似以人頭戶洗錢**的轉帳交易記錄。		
資料檔案	帳戶基本資料檔、存款交易明細檔、轉帳交易明細檔、大額申報檔		
所需欄位	請詳後附件明細表		

2.獲得資料

- 稽核部門可以寄發稽核通知單，通知受查單位準備之資料及格式。

- 檔案資料：
  - ☑ 帳戶基本資料檔.CSV
  - ☑ 存款交易明細檔.CSV
  - ☑ 轉帳交易明細檔.CSV
  - ☑ 大額申報檔.CSV

稽核通知單

受文者	ABC銀行　　　　資訊室	
主旨	為進行銀行拆單轉帳交易查核工作，請 貴單位提供相關檔案資料以利查核工作之進行。所需資訊如下說明。	
說明		
一、	本單位擬於民國XX年XX月XX日開始進行為期X天之例行性查核，為使查核工作順利進行，謹請在XX月XX日前 惠予提供XXXX年XX月XX日至XXXX年XX月XX日之拆單轉帳交易查核相關明細檔案資料，如附件。	
二、	依年度稽核計畫辦理。	
三、	後附資料之提供，若擷取時有任何不甚明瞭之處敬祈隨時與稽核人員聯絡。	
請提供檔案明細：		
一、	帳戶基本資料檔、存款交易明細檔、轉帳交易明細檔，請提供包含欄位名稱且以逗號分隔的文字檔，並提供相關檔案格式說明(請詳附件)	
稽核人員：Vivian		稽核主管：Sherry

資料擷取

帳戶基本資料檔(Account_Holder_Master)

大額申報檔

存款交易明細檔(Deposit_Account_Transactions)

轉帳交易明細檔(Transfer_Transactions)

帳戶基本資料檔 (Account_Holder_Master)

長度	欄位名稱	意義	型態	備註
4	BRANCH	分行	C	
10	ACCT_KRY	帳號	C	
10	NAME	客戶名稱	C	
10	START	開戶日期	D	MM/DD/YYYY
10	EMP_NAME	開戶行員	C	
20	ADDRESS	帳戶地址	C	

- C：表示字串欄位　　※資料筆數：63,604
- D：表示日期欄位

存款交易明細檔 (Deposit_Account_Transactions)

長度	欄位名稱	意義	型態	備註
10	ACCT_KEY	帳號	C	
5	ACT_BR_CD	分行代號	C	
3	CUR_CD	幣別	C	
10	CYC_DT	交易日期	D	YYYY-MM-DD
6	DB_CR	借貸	C	CREDIT / DEBIT
7	TELLER_ID	櫃號	C	
7	TX_AMT	交易金額	N	
6	TXN_CODE	交易名稱	C	
6	TXN_TIME	交易時間	C	

▪ C：表示字串欄位、N：表示數值欄位、D：表示日期欄位

※資料筆數：174,412

轉帳交易明細檔(Transfer_Transactions)

長度	欄位名稱	意義	型態	備註
20	TRANS_DATE	交易日期	D	YYYY-MM-DD
20	OUT_ACC	轉出帳號	C	
20	IN_ACC	轉入帳號	C	
16	TRANS_AMT	交易金額	N	

▪ C：表示字串欄位　　※資料筆數：153,397
▪ N：表示數值欄位
▪ D：表示日期欄位

大額申報檔

長度	欄位名稱	意義	型態	備註
10	ACCT_KEY	申報帳號	C	
5	ACT_BR_CD	分行	C	
10	CYC_DT	交易日期	D	MM/DD/YYYY
10	TX_AMT	申報交易金額	N	
7	TRANS_NO	交易序號	C	
20	NAME	姓名	C	
20	ADDRESS	地址	C	
10	ID	申報身分證字號	C	

- C：表示字串欄位　　※資料筆數：1,635
- D：表示日期欄位

上機演練一：使用稽核資料倉儲
取得內部帳戶與交易資料

於Project Navigator下按右鍵，點選Copy from Another Project
→ Table

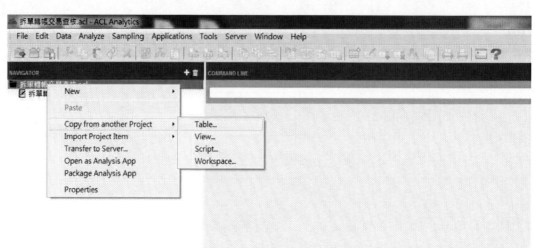

選取資料來源的專案檔路徑

53

在Import匯入視窗下，同時選取所需資料表後,點擊OK, 完成匯入新資料表格式

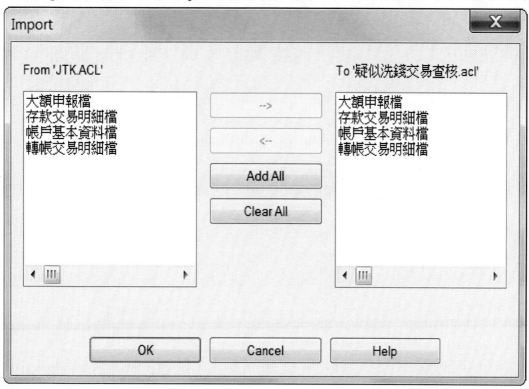

54

點選各資料表，按右鍵，選取
Link to New Source Data (連結至新來源資料檔)

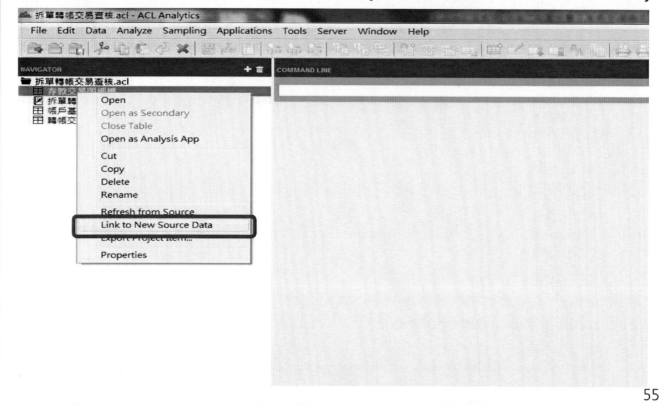

選取存放資料來源專案檔資料夾下
的各.fil 資料表作為來源資料檔

完成各個資料表的資料表格式
與來源資料檔的連結—存款交易明細檔

共174,412筆資料

57

選取存放資料來源專案檔資料夾下
的各.fil 資料表作為來源資料檔

58

完成各個資料表的資料表格式
與來源資料檔的連結-帳戶基本資料檔

共63,604筆資料

選取存放資料來源專案檔資料夾下
的各.fil 資料表作為來源資料檔

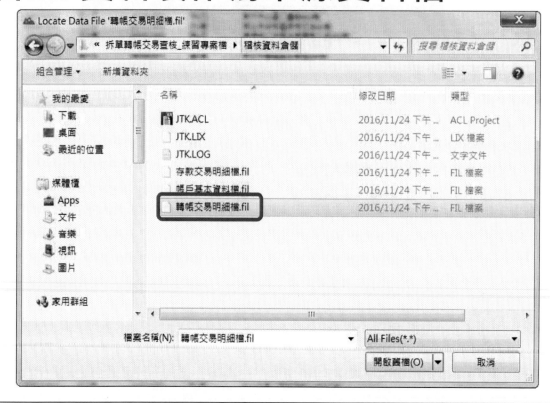

完成各個資料表的資料表格式
與來源資料檔的連結-轉帳交易明細檔

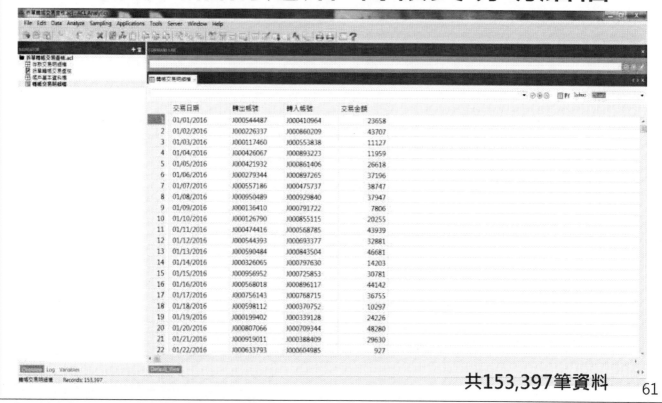

共153,397筆資料

61

選取存放資料來源專案檔資料夾下
的各.fil 資料表作為來源資料檔

62

完成各個資料表的資料表格式
與來源資料檔的連結─大額申報檔

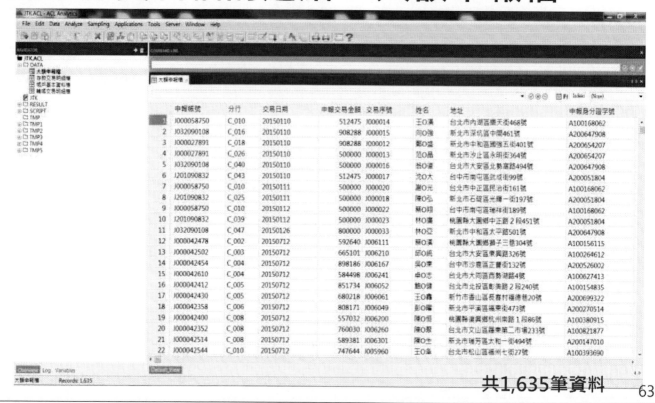

共1,635筆資料

上機演練二:
疑似規避大額通貨交易申報查核
Step1:列出疑似規避大額申報交易帳號
資料

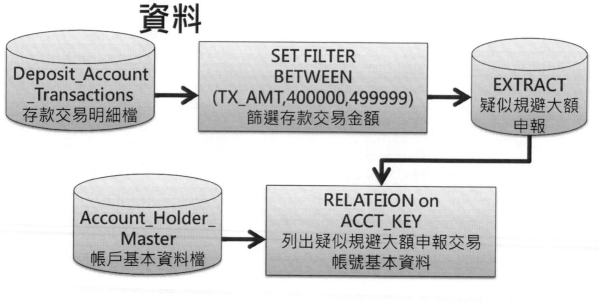

分析資料 – Filter

- 開啟**存款交易明細檔**
- 點擊 (fx)
- 輸入**篩選條件**
- 點選 Verify 驗證篩選條件是否正確
- 點選 " OK" 完成

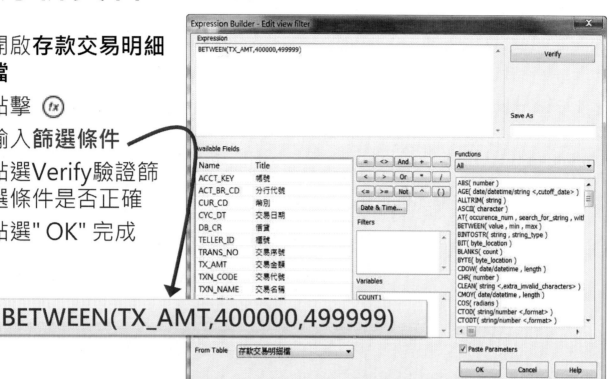

BETWEEN(TX_AMT,400000,499999)

65

分析資料 – Filter結果

共1,288筆資料

66

分析資料 – Extract

- 在顯示篩選結果視窗
- Data→Extract Data
- 選擇Record，列出所有紀錄
- 檔名為"疑似規避大額申報"
- 點選"確定"完成

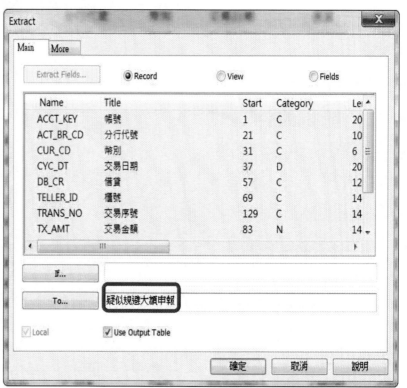

分析資料 – Extract結果

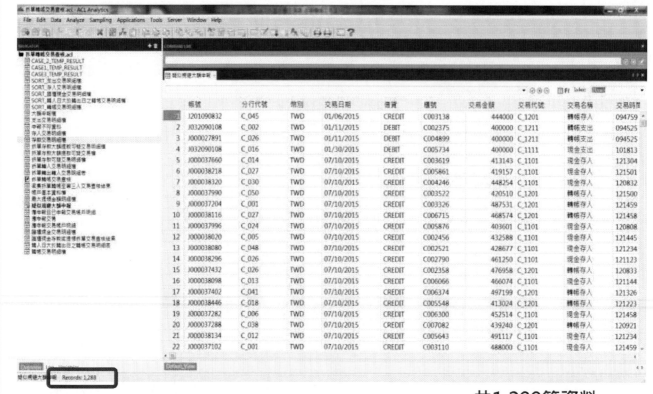

共1,288筆資料

分析資料 – Relation

- **開啟疑似規避大額申報**
- Data→Relate Tables
- 點選Add Table加入 **"帳戶基本資料檔"**
- 建立兩表的關聯鍵 "帳號(ACCT_KEY)"
- 點選「Finish」

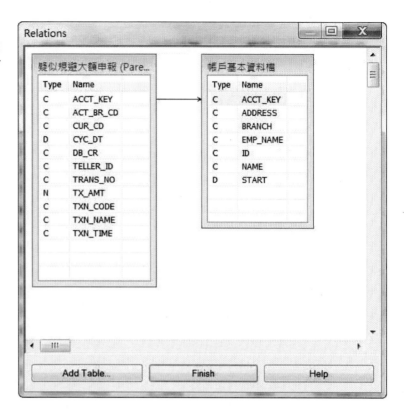

上機演練二:
疑似規避大額通貨交易申報查核

Step2：檢核是否有同一客戶經常性規避之情形

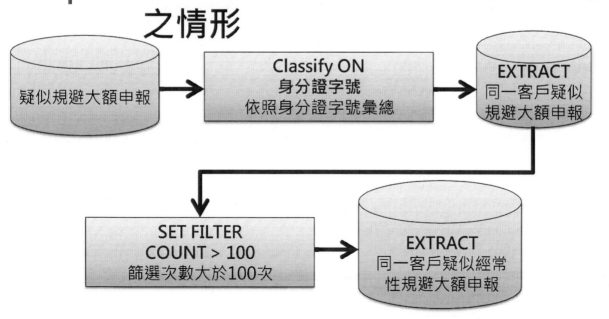

分析資料 – Classify結果

分析資料 – Classify結果

共253筆資料

分析資料 – Filter

- 開啟**同一客戶疑似規避大額申報**
- 點擊 (fx)
- 輸入**篩選條件**
- 點選Verify驗證篩選條件是否正確
- 點選" OK" 完成

COUNT > 100

分析資料 – Filter結果

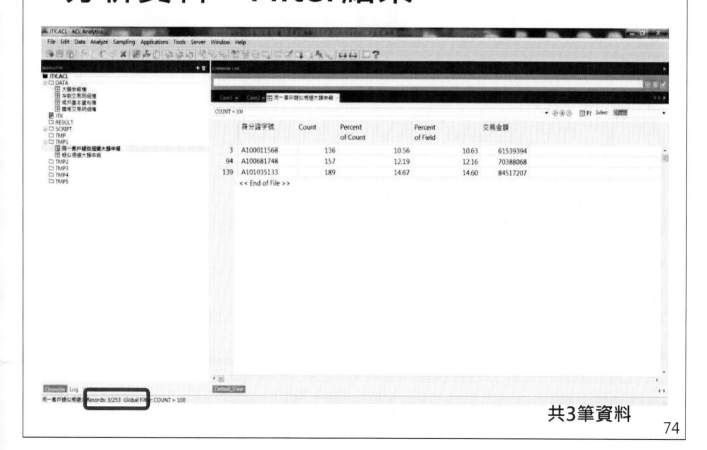

共3筆資料

分析資料 – Extract

- 在顯示篩選結果視窗
- Data→Extract Data
- 選擇Record，列出所有紀錄
- 檔名為"同一客戶疑似經常性規避大額申報"
- 點選"確定"完成

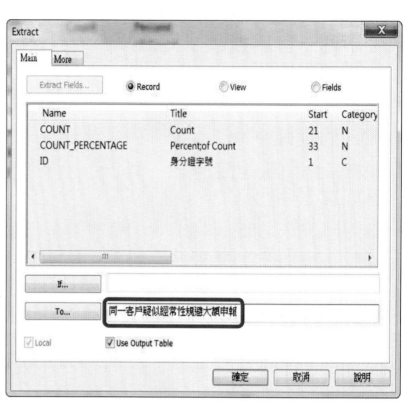

75

分析資料 – Extract結果

共3筆資料　　76

上機演練三:
大額通貨交易申報正確性及完整性查核
Step1：列出需大額申報之帳戶資料

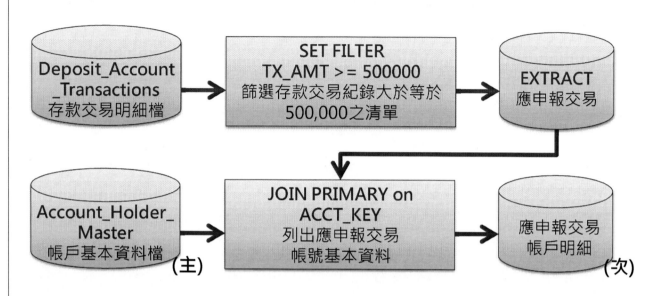

分析資料 – Filter

- 開啟**存款交易明細檔**
- 點擊 ⓕ
- 輸入**篩選條件**
- 點選Verify驗證篩選條件是否正確
- 點選" OK" 完成

TX_AMT > = 500000

分析資料 – Filter結果

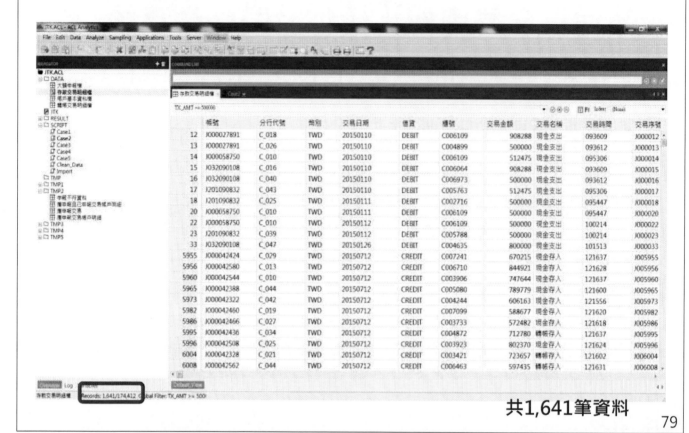

共1,641筆資料

分析資料 – Extract

- 在顯示篩選結果視窗
- Data→Extract Data
- 選擇Record，列出所有紀錄
- 檔名為"應申報交易"
- 點選"確定"完成

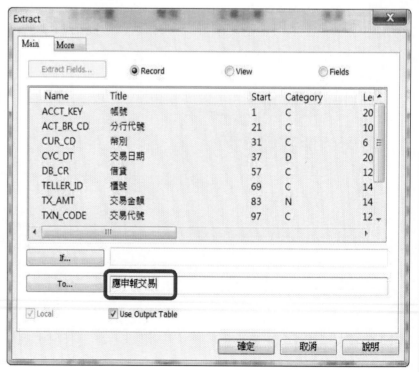

分析資料 – Extract結果

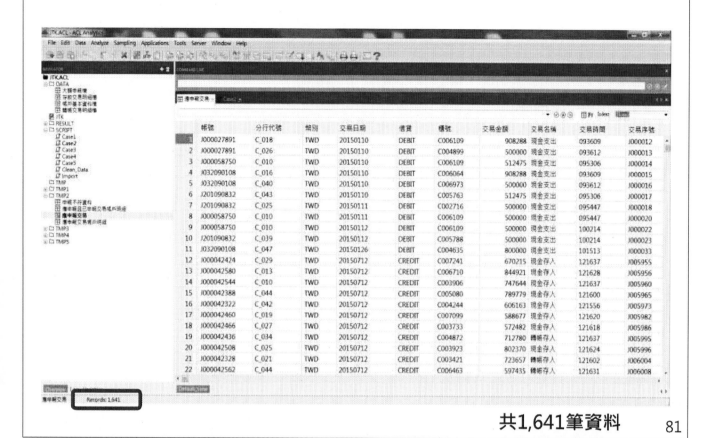

共1,641筆資料

分析資料 – Join

- 開啟應申報交易
- Data→Join Table
- Secondary Table選取 "帳戶基本資料檔"
- 主表以"帳號"，次表以"帳號" 為關鍵欄位
- 勾選主表所有欄位
- 勾選次表ID欄位
- 輸入檔名為"應申報交易帳戶明細"

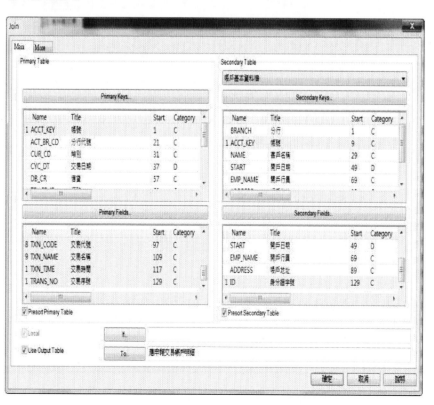

分析資料 – Join

- 點選More頁籤
- Join Categories 選擇Include All Primary Records
- 點擊「確定」

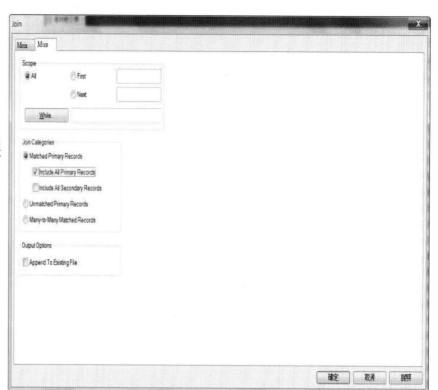

83

分析資料 – Join結果畫面

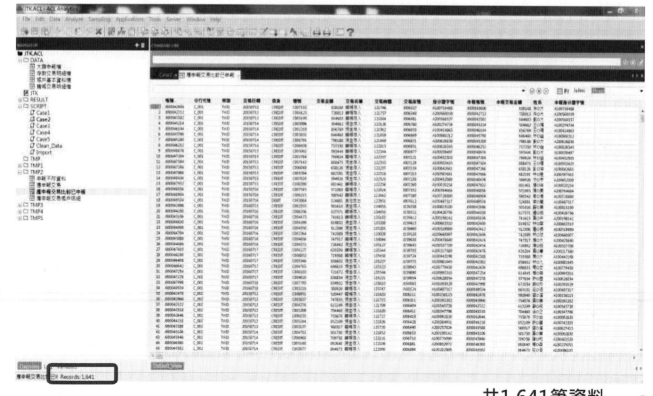

共1,641筆資料

84

上機演練三:
大額通貨交易申報正確性及完整性查核
Step2:比對大額申報帳戶資料是否正確

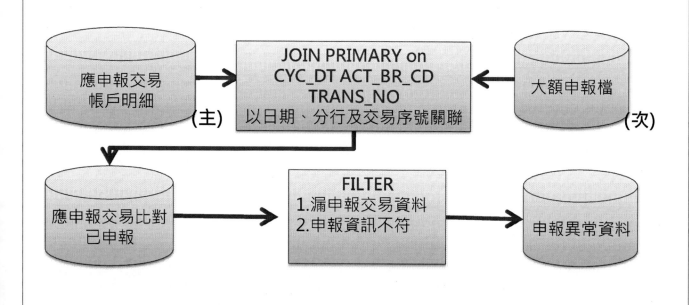

85

分析資料 – Join

- 開啟應申報交易帳戶明細
- Data→Join Table
- Secondary Table選取 "**大額申報檔**"
- 主表以"日期"、"分行"、"交易序號",次表以"日期"、"分行"、"交易序號"為關鍵欄位
- 勾選主表所有欄位
- 勾選次表"申報帳號"、"申報身分證字號"、"申報交易金額"
- 輸入檔名為 "**應申報交易比對已申報**"

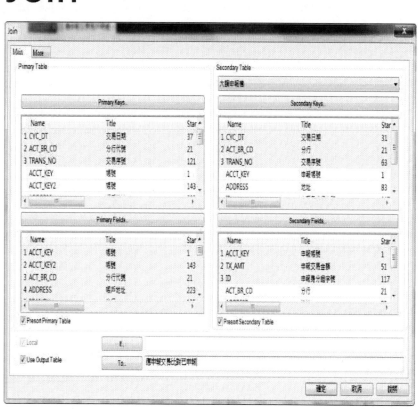

86

分析資料 – Join

- 點選More頁籤
- Join Categories 選擇Include All Primary Records
- 點擊「確定」

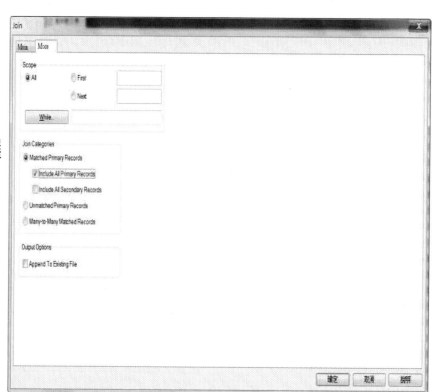

分析資料 – Join結果畫面

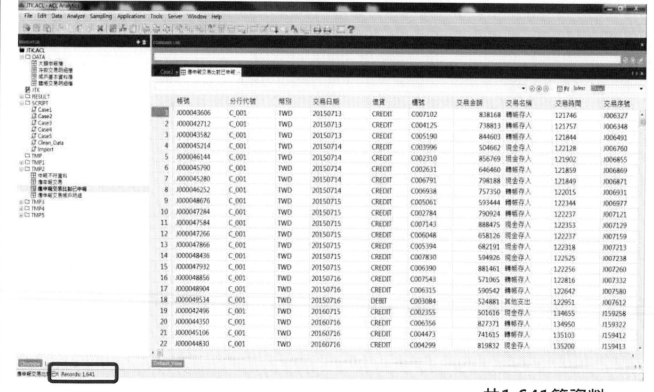

共1,641筆資料

分析資料 – Filter (篩選漏申報交易)

- 開啟**應申報交易比對已申報**
- 點擊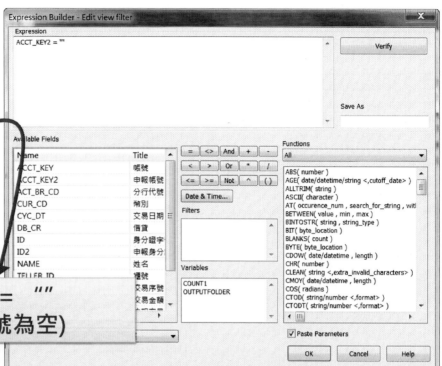
- 輸入**篩選條件**
- 點選Verify驗證篩選條件是否正確
- 點選" OK" 完成

ACCT_KEY2 = ""
(大額申報帳號為空)

89

分析資料 – Filter結果

共6筆資料

90

分析資料 – Extract

- 在顯示篩選結果視窗
- Data→Extract Data
- 選擇Record，列出所有紀錄
- 檔名為"**漏申報資料**"
- 點選"確定"完成

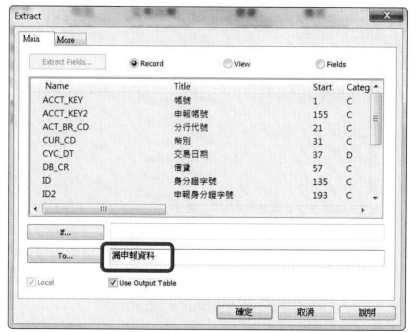

分析資料 – Extract結果

共6筆資料

分析資料 – Filter (篩選申報不符交易)

- 開啟**應申報交易比對已申報**
- 點擊 (fx)
- 輸入**篩選條件**
- 點選Verify驗證篩選條件是否正確
- 點選" OK" 完成

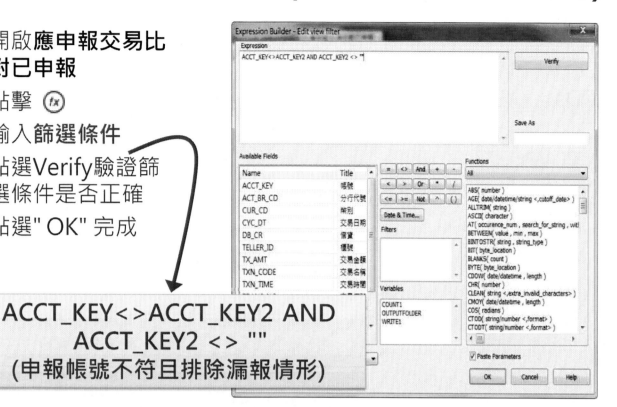

ACCT_KEY<>ACCT_KEY2 AND
ACCT_KEY2 <> ""
(申報帳號不符且排除漏報情形)

93

分析資料 – Filter結果

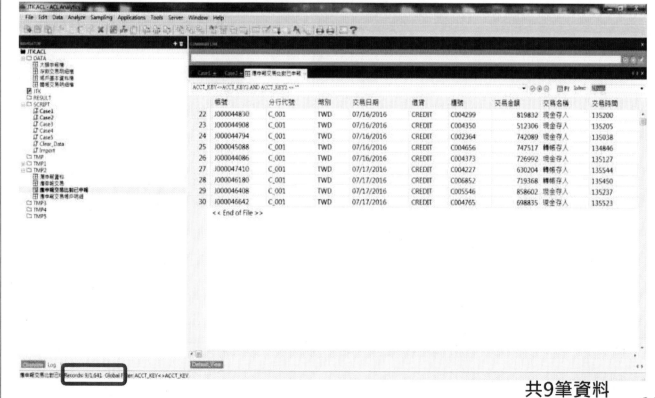

共9筆資料

94

分析資料 – Extract

- 在顯示篩選結果視窗
- Data→Extract Data
- 選擇Record，列出所有紀錄
- 檔名為"申報不符資料"
- 點選"確定"完成

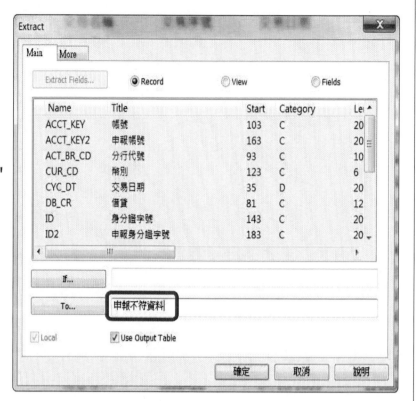

95

分析資料 – Extract結果

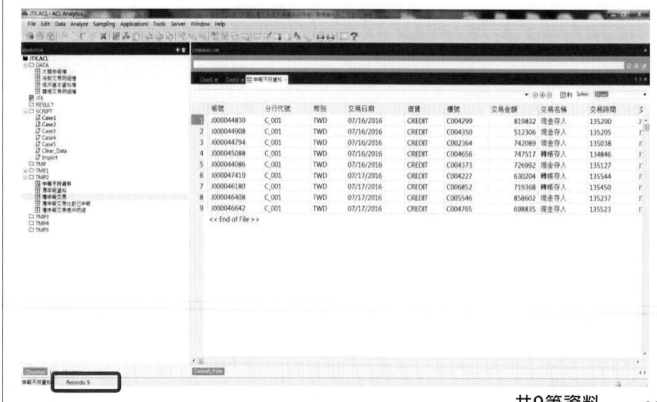

共9筆資料　96

個案練習

請自行練習篩選是否有其他申報資訊不符之交易?

1. 身分證資訊不符?
   ANS:20筆

2. 交易金額不符?
   ANS:12筆

上機演練四:
臨櫃現金存款或提領拆單交易查核
Step1:列出臨櫃現金交易明細與標轉化
##　　　　交易時間

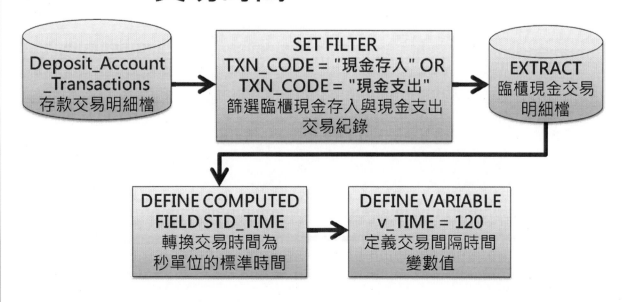

分析資料 – Filter

- 開啟存款交易明細檔
- 點擊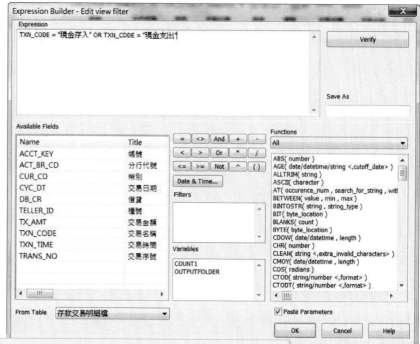
- 輸入**篩選條件**
- 點選Verify驗證篩選條件是否正確
- 點選" OK" 完成

TXN_CODE = "現金存入" OR TXN_CODE = "現金支出"

分析資料 – Filter結果

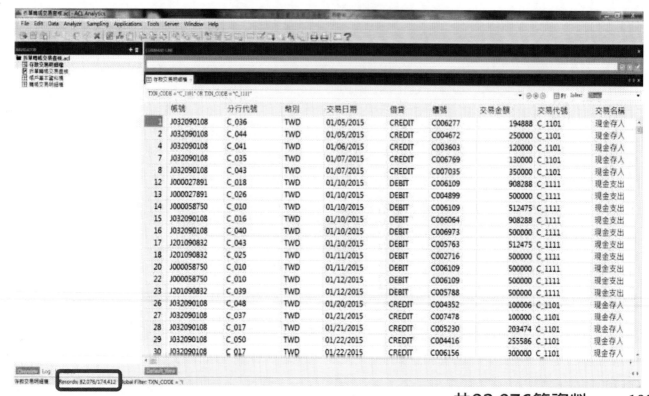

共82,076筆資料

分析資料 – Extract

- 在顯示篩選結果視窗
- Data→Extract Data
- 選擇Record，列出所有紀錄
- 檔名為 "臨櫃現金交易明細檔 "
- 點選"確定"完成

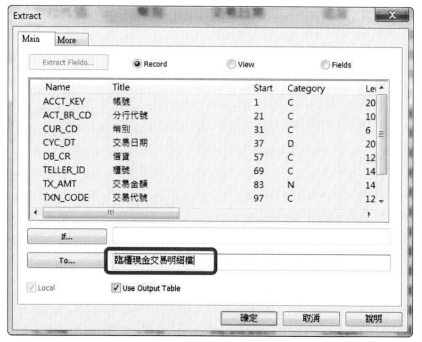

101

分析資料 – Extract結果

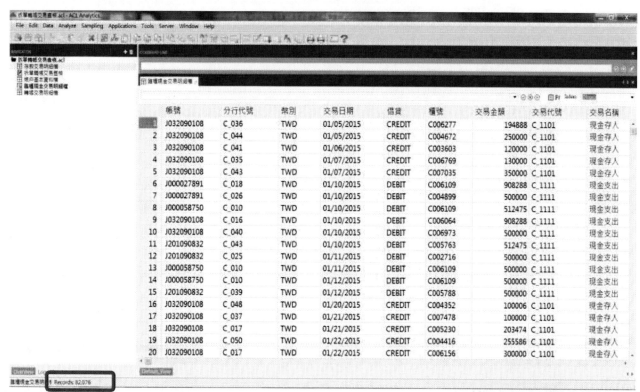

共82,076筆資料

102

分析資料 – 新增 STD_TIME 欄位

- 目的：設定標準交易時間，以計算時間差距
- 開啟**臨櫃現金交易明細檔**
- 點擊滑鼠右鍵，選擇 Add Column
- 選取Expression (紅色框標記處)

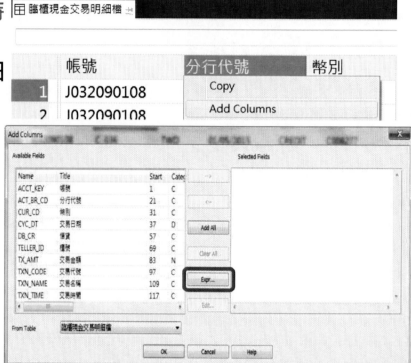

103

分析資料 – 新增 STD_TIME 欄位

- 在Save As輸入欄位名稱 **STD TIME**
- 輸入**計算欄位語法**
- 輸入後點擊Verify 驗證條件是否錯誤
- 完成驗證後，點擊「OK」

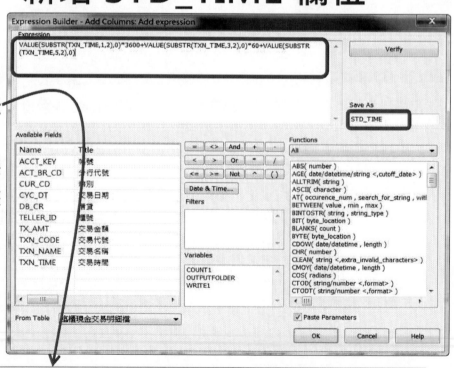

VALUE(SUBSTR(TXN_TIME,1,2),0)*3600+VALUE(SUBSTR
(TXN_TIME,3,2),0)*60+VALUE(SUBSTR(TXN_TIME,5,2),0)

104

ACL指令說明 — VALUE ( )

在ACL系統中,若需要將字串資料轉成數字型態資料,便可使用VALUE( )函數完成,此函數允許查核人員快速的於大量資料中,迅速轉換字串資料為數字值。

VALUE(string, decimals)

Example	Return value
VALUE("123.4-", 3)	-123.400
VALUE("$123,456", 2)	123456.00
VALUE("77.45CR", 2)	-77.45
VALUE(" (123,456.78)", 0)	-123457

分析資料 – 新增交易間隔時間變數

- Edit→Variables
- 點擊New
- Save As輸入變數名稱 v_TIME
- Expression輸入變數存放值 120
- 輸入後點擊Verify驗證條件是否錯誤
- 完成驗證後,點擊OK

Step2：列出上下筆相同分行、櫃號、交易日與間隔小於2分鐘之交易

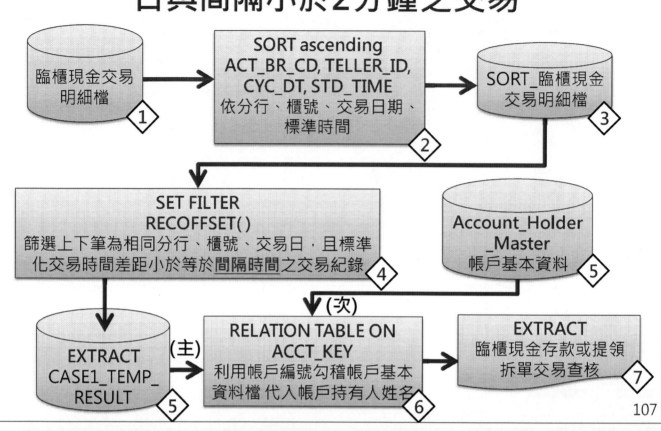

分析資料 – Sort

- 開啟**臨櫃現金交易明細檔**
- 點擊
  Data→Sort Resords
- 點擊Sort on，選擇
  分行代號 小→大排序
  櫃　　號 小→大排序
  交易日期 小→大排序
  標準化時間 小→大排序
- 點選OK
- 檔名輸入"**SORT_臨櫃現金交易明細檔**"
- 點選"確定"完成

分析資料 – Sort結果

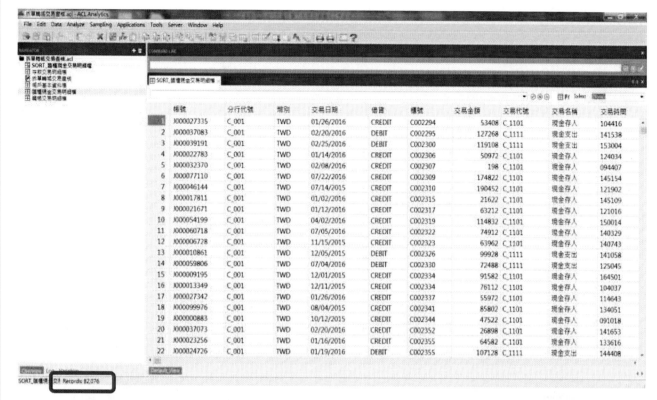

分析資料 – Filter

- 開啟SORT_臨櫃現金交易明細檔
- 點擊 ⓕ𝑥
- 輸入篩選條件
- 點選Verify驗證篩選條件是否正確
- 點選" OK" 完成

(ACT_BR_CD = RECOFFSET(ACT_BR_CD, 1) AND TELLER_ID = RECOFFSET(TELLER_ID, 1) AND CYC_DT = RECOFFSET(CYC_DT, 1) AND RECOFFSET(STD_TIME,1) - STD_TIME<=v_TIME) OR (ACT_BR_CD = RECOFFSET(ACT_BR_CD, -1) AND TELLER_ID = RECOFFSET(TELLER_ID, -1) AND CYC_DT = RECOFFSET(CYC_DT, -1) AND STD_TIME - RECOFFSET(STD_TIME,-1) <=v_TIME)

分析資料 – Filter結果

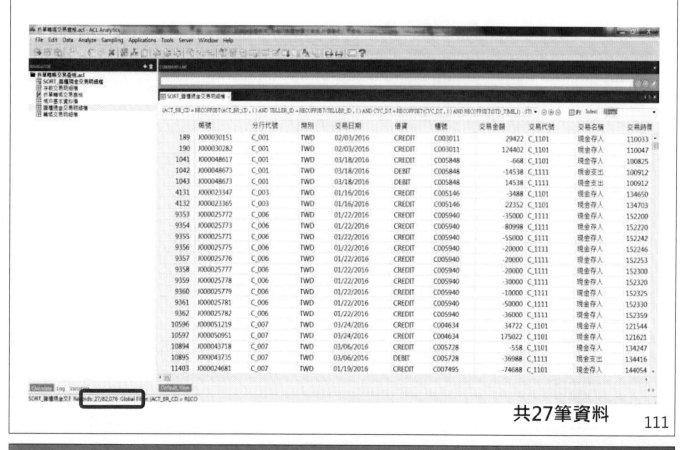

共27筆資料

分析資料 – Extract

- 在顯示篩選結果視窗
- Data→Extract Data
- 選擇Record，列出所有紀錄
- 檔名為 "CASE1_TEMP_RESULT"
- 點選"確定"完成

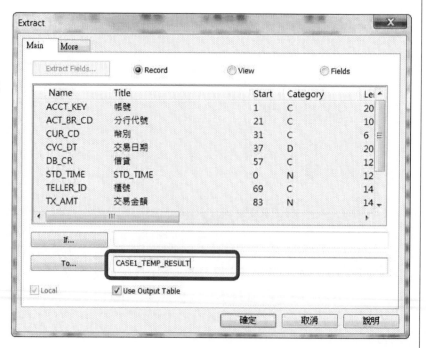

分析資料 – Extract結果

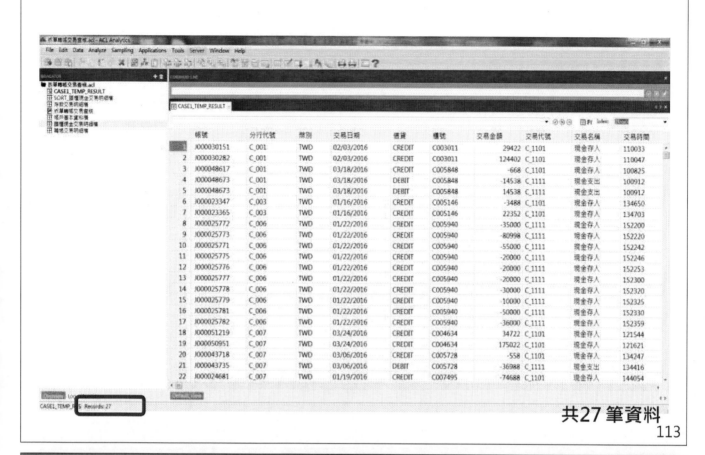

共27筆資料

113

分析資料 – Relation

- 開啟
  CASE1_TEMP_RESULT
- Data→Relate Tables
- 點選Add Table加入
  "帳戶基本資料"
- 建立兩表的關聯鍵
  "帳戶編號(ACCT_KEY)"
- 點選「Finish」

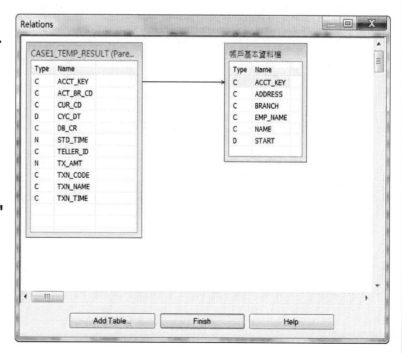

114

分析資料 – Extract

- 在 **CASE1_TEMP_RESULT**
- Data→Extract Data
- 點選Fields
- 點擊Extract Fields按鈕
- 在From Table 點選 Account_Holder_Master ，列出**客戶名稱**。

分析資料 – Extract

- 在From Table 點選 CASE1_TEMP_RESULT ，列出**所有欄位**。
- 點選OK
- 檔名為 **"臨櫃現金存款或提領拆單交易查核結果"**
- 點選"確定"完成

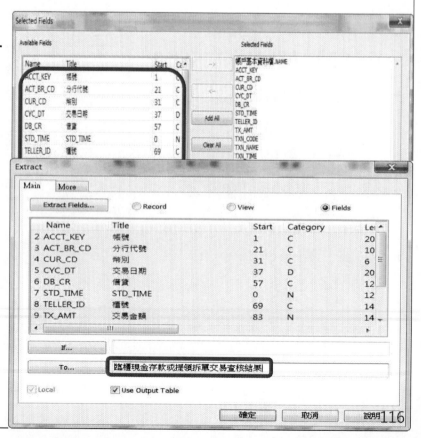

分析資料 – Extract結果

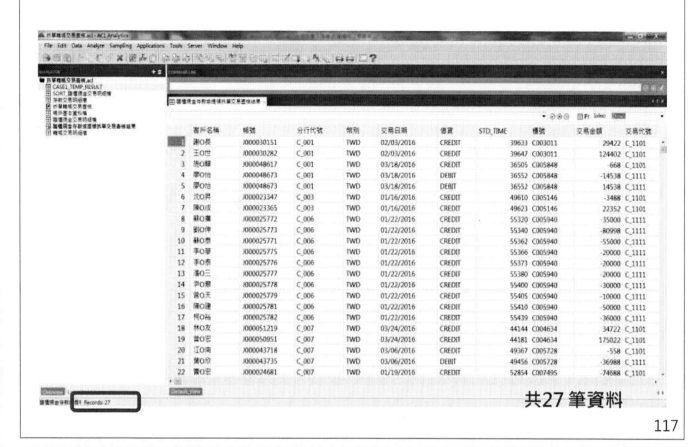

共27 筆資料

117

上機演練五:
拆單存款大額提領交易查核
Step1:分別列出存款與提領交易明細

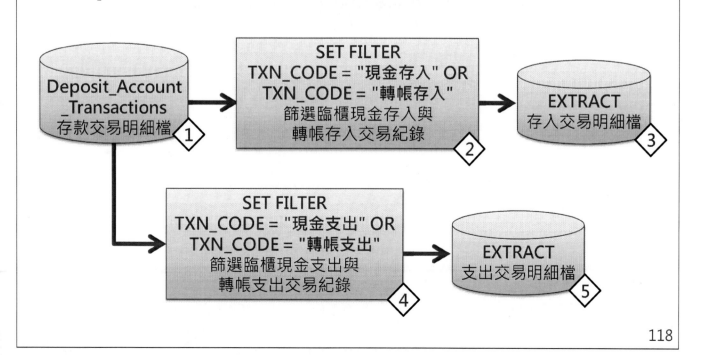

118

分析資料 – Filter

- 開啟存款交易明細檔
- 點擊 ⨍ₓ
- 輸入**篩選條件**
- 點選Verify驗證篩選條件是否正確
- 點選" OK" 完成

TXN_CODE = "現金存入" OR TXN_CODE = "轉帳存入"

分析資料 – Filter結果

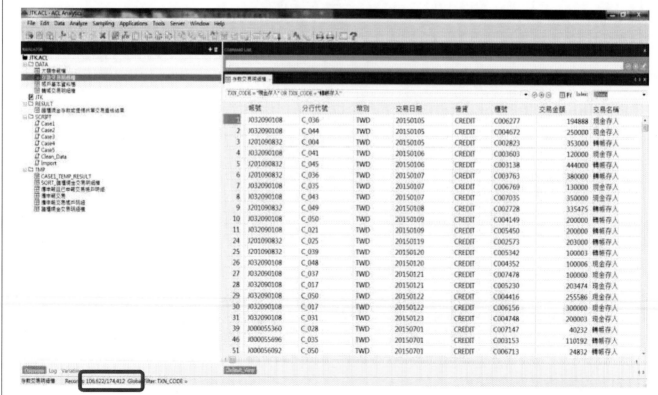

共106,622筆資料

分析資料 – Extract

- 在顯示篩選結果視窗
- Data→Extract Data
- 選擇Record，列出所有紀錄
- 檔名為 "**存入交易明細檔** "
- 點選"確定"完成

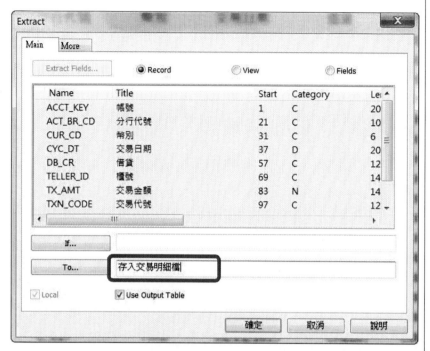

121

分析資料 – Extract結果

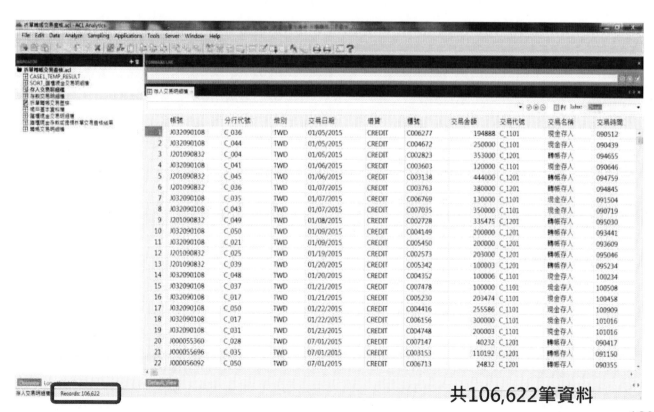

共106,622筆資料

122

分析資料 – Filter

- 開啟存款交易明細檔
- 點擊
- 輸入篩選條件
- 點選Verify驗證篩選條件是否正確
- 點選" OK" 完成

TXN_CODE = "現金支出" OR TXN_CODE = "轉帳支出"

123

分析資料 – Filter結果

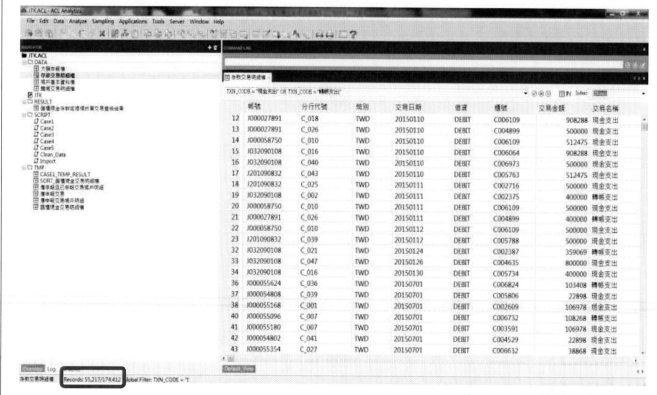

共55,217筆資料　124

分析資料 – Extract

- 在顯示篩選結果視窗
- Data→Extract Data
- 選擇Record，列出所有紀錄
- 檔名為 "支出交易明細檔"
- 點選"確定"完成

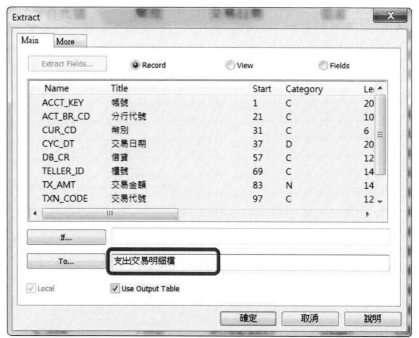

125

分析資料 – Extract結果

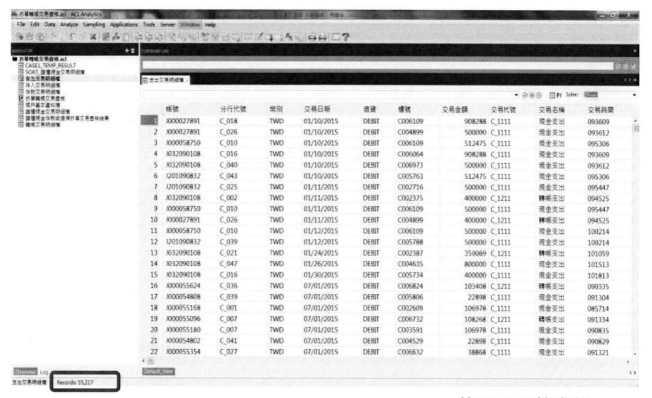

共55,217筆資料　126

Step2：列出最大提領金額交易明細

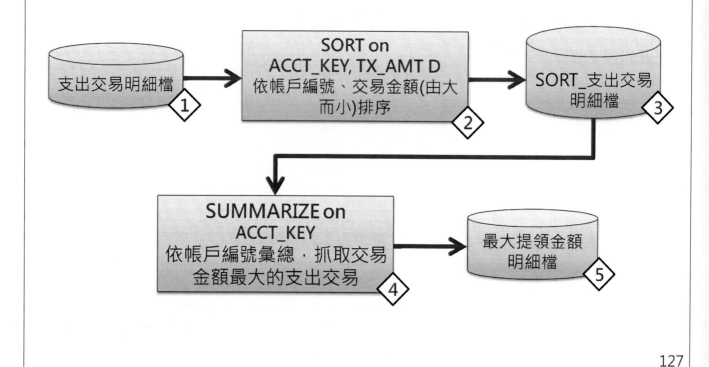

分析資料 – Sort

- 開啟**支出交易明細檔**
- 點擊
  Data→Sort Resords
- 點擊Sort on，選擇
  帳　　號 小→大排序
  交易金額 大→小排序
  點選OK
- 檔名輸入"**SORT_支出
  交易明細檔**"
- 點選"確定"完成

分析資料 – Sort結果

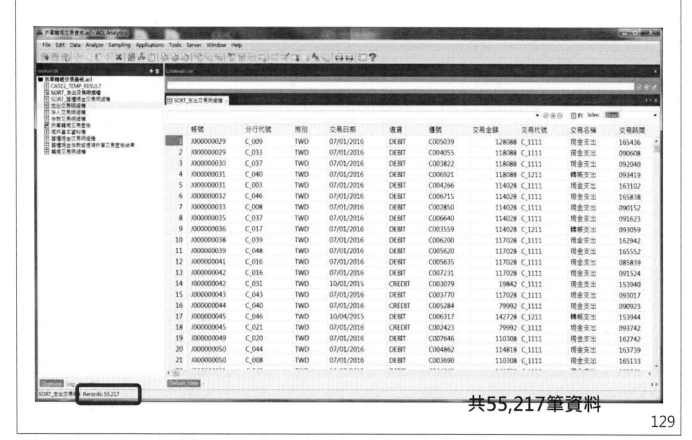

共55,217筆資料

129

分析資料 – Summarize

- 點擊
  Analyze →Summarize
- 依據**帳號**進行彙總
- Other Fields 選ALL
- Output選擇File
- 檔名輸入"**最大提領金額明細檔**"
- 點選 "確定" 完成

130

分析資料 – Summarize結果

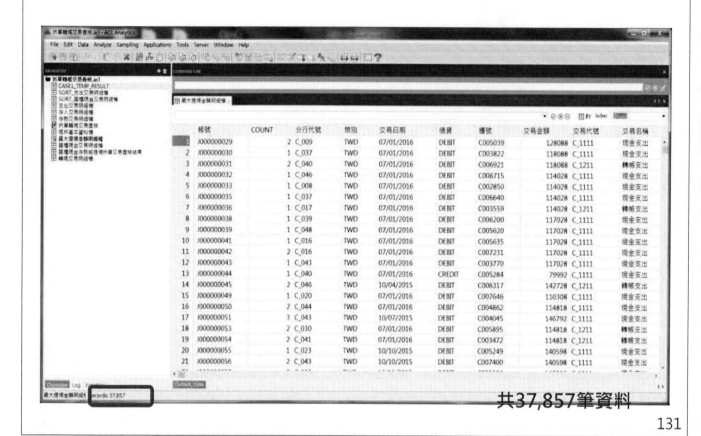

共37,857筆資料

131

Step3：列出有拆單存款之可疑交易明細

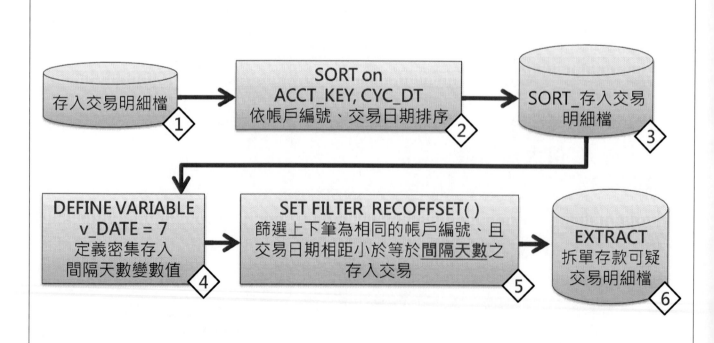

132

分析資料 – Sort

- 開啟**存入交易明細檔**
- 點擊
  Data→Sort Resords
- 點擊Sort on，選擇
  帳戶編號 小→大排序
  交易日期 小→大排序
  點選OK
- 檔名輸入"**SORT_存入
  交易明細檔**"
- 點選"確定"完成

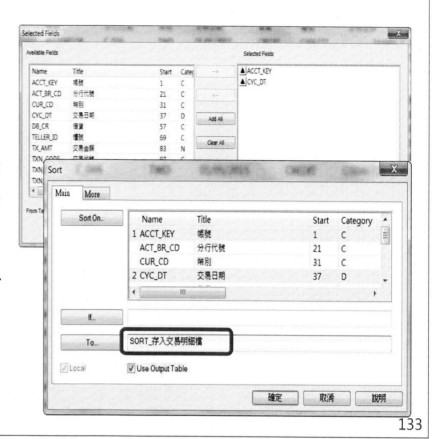

133

分析資料 – Sort結果

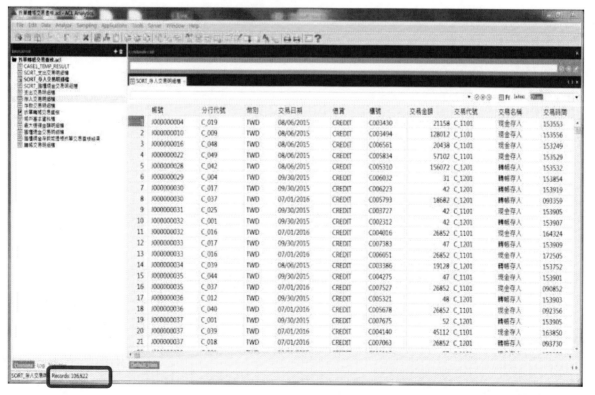

共106,622筆資料　134

分析資料－新增密集存入間隔天數變數值變數

- Edit→Variables
- 點擊New
- Save As輸入變數名稱 v_DATE
- Expression輸入變數存放值 "7"
- 輸入後點擊Verify驗證條件是否錯誤
- 完成驗證後，點擊OK

135

分析資料 – Filter

- 開啟SORT_存入交易明細檔
- 點擊 (fx)
- 輸入篩選條件
- 點選Verify驗證篩選條件是否正確
- 點選" OK" 完成

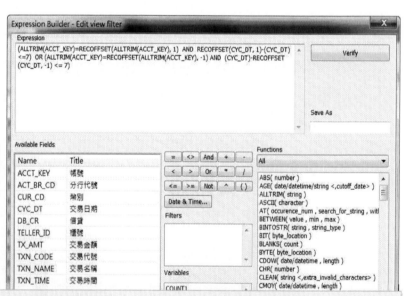

(ALLTRIM(ACCT_KEY)=RECOFFSET(ALLTRIM(ACCT_KEY), 1) AND RECOFFSET(CYC_DT, 1)-(CYC_DT) <=7) OR (ALLTRIM(ACCT_KEY)=RECOFFSET(ALLTRIM(ACCT_KEY), -1) AND (CYC_DT)-RECOFFSET(CYC_DT, -1) <= 7)

136

分析資料 – Filter結果

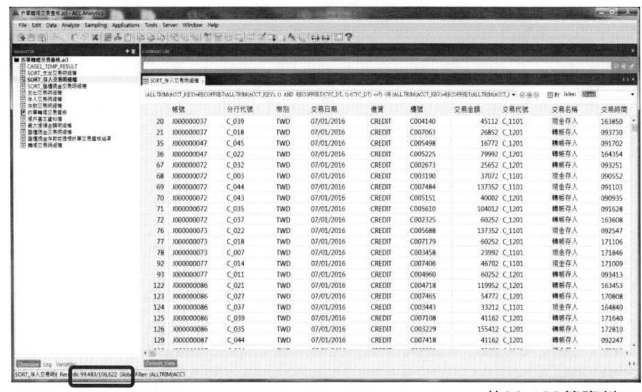

分析資料 – Extract

- 在顯示篩選結果視窗
- Data→Extract Data
- 選擇Record，列出所有紀錄
- 檔名為 "拆單存款可疑交易明細檔 "
- 點選"確定"完成

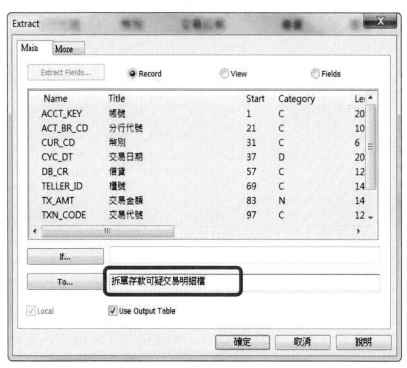

分析資料 – Extract結果

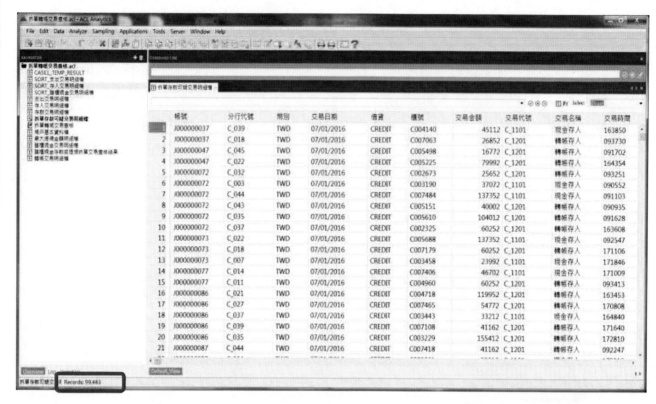

共99,483筆資料

Step4：列出拆單存款後有大額提款之可疑交易明細

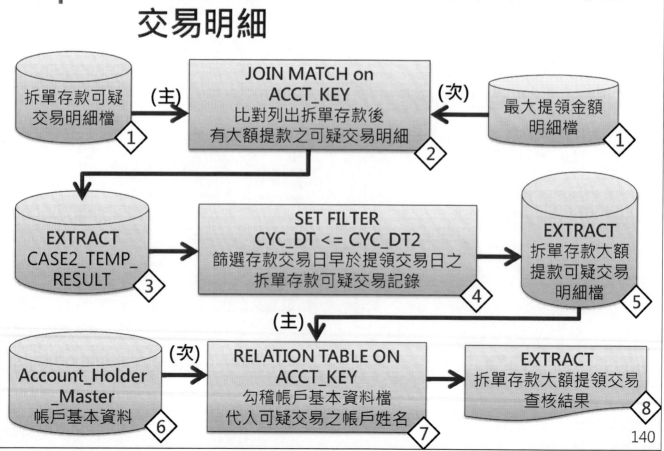

分析資料 – Join

- 開啟**拆單存款可疑交易明細檔**
- Data→Join Table
- Secondary Table選取 **"最大提領金額明細檔"**
- 主表以 "帳號" ，
次表以 "帳號" 為關鍵欄位
- 勾選主表所有欄位
- 勾選次表CUR_CD、TXN_CODE、CYC_DT 、TX_AMT、TXN_NAME、TXN_TIME欄位
- 輸入檔名為 "CASE_2_TEMP_RESULT"

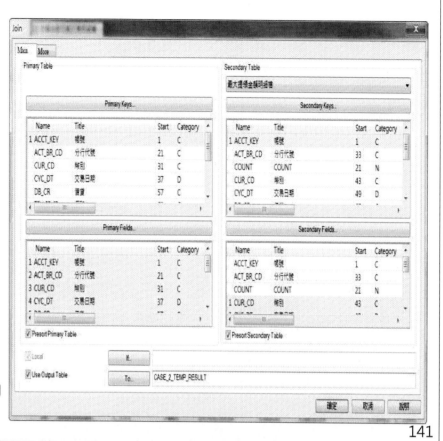

141

分析資料 – Join

- 點選More頁籤
- Join Categories 選擇Matched Primary Records
- 點擊「確定」

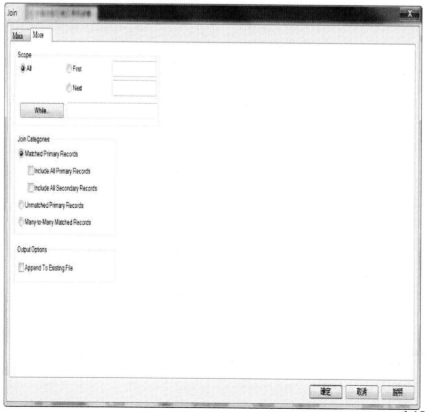

142

分析資料 – Join結果畫面

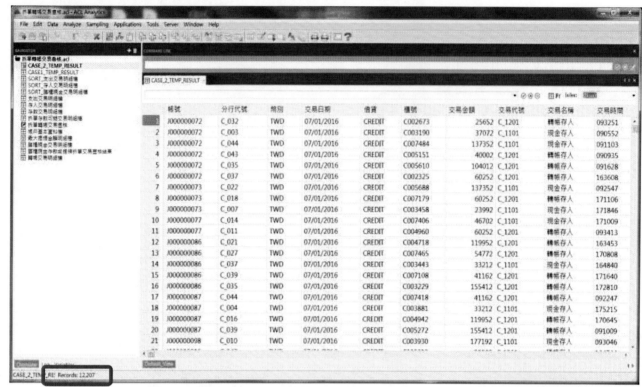

共12,207筆資料　143

分析資料 – Filter

- 開啟CASE2_TEMP_ RESULT
- 點擊 *(fx)*
- 輸入篩選條件
- 點選Verify驗證篩選 條件是否正確
- 點選" OK" 完成

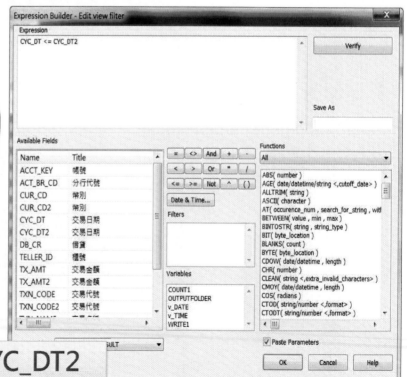

CYC_DT <= CYC_DT2

144

分析資料 – Filter結果

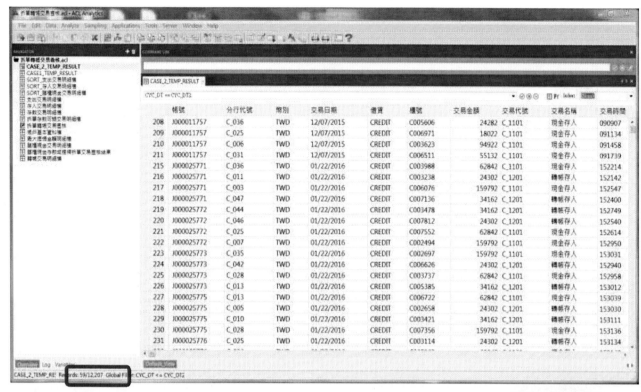

共59筆資料   145

分析資料 – Extract

- 在顯示篩選結果視窗
- Data→Extract Data
- 選擇Record，列出所有紀錄
- 檔名為 "**拆單存款大額提款可疑交易明細檔**"
- 點選"確定"完成

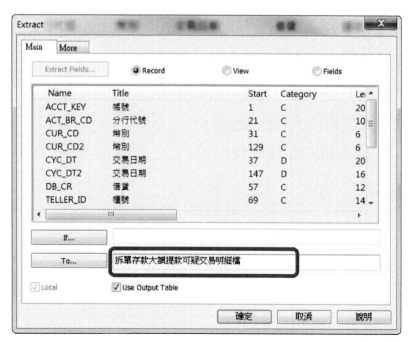

146

分析資料 – Extract結果

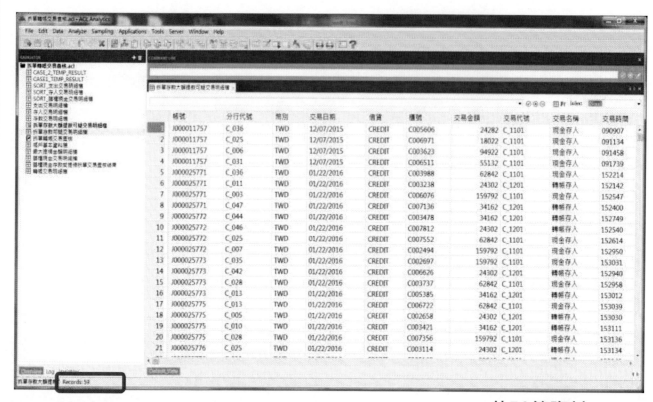

共59筆資料

分析資料 – Relation

- 開啟拆單存款大額提款可疑交易明細檔
- Data→Relate Tables
- 點選Add Table加入 "帳戶基本資料檔"
- 建立兩表的關聯鍵 "帳號(ACCT_KEY) "
- 點選「Finish」

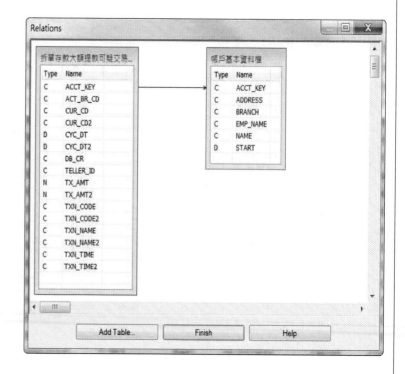

分析資料 – Extract

- 在顯示篩選結果視窗
- Data→Extract Data
- 點選Extract Fields
- 在From Table 點選 "帳戶基本資料檔" ，列出客戶名稱。
- 在From Table 點選" 拆單存款大額提款可疑交易檔" ，列出所有欄位。

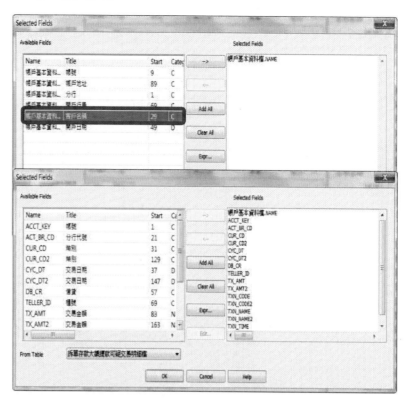

分析資料 – Extract

- 檔名為 "拆單存款大額提領交易查核結果 "
- 點選"確定"完成

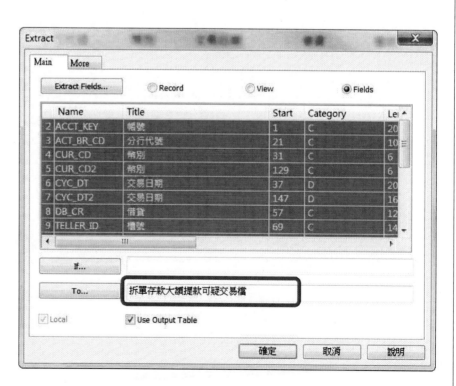

分析資料 – Extract結果

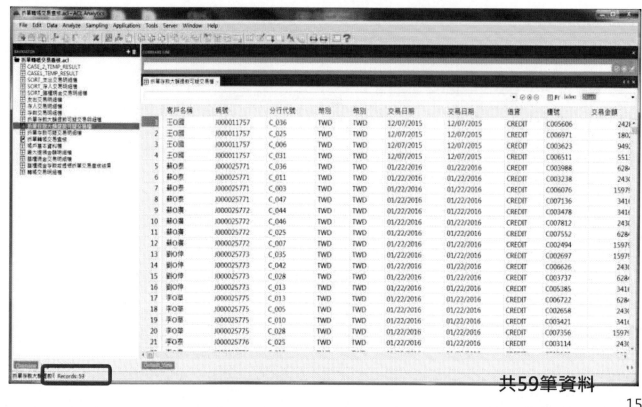

共59筆資料

151

上機演練六:
密集拆單轉帳至第三人交易查核

Step1：列出由數個帳戶密集拆單轉入第三人帳戶之轉帳交易明細

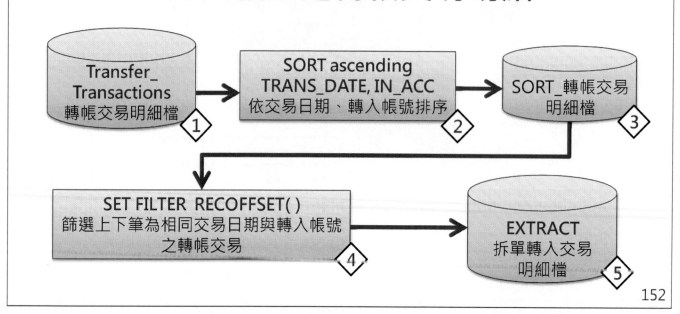

152

分析資料 – Sort

- 開啟**轉帳交易明細檔**
- 點擊
  Data→Sort Resords
- 點擊Sort on，選擇
  交易日期 小→大排序
  轉入帳號 小→大排序
  點選OK
- 檔名輸入"**SORT_轉帳
  交易明細檔**"
- 點選"確定"完成

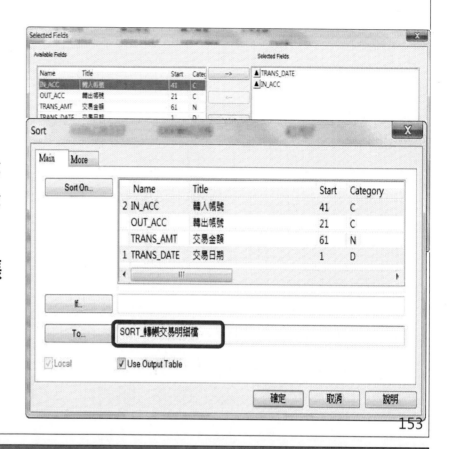

153

分析資料 – Sort結果

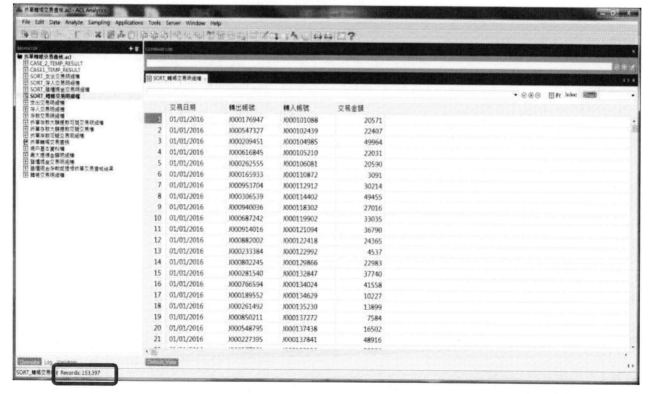

共153,397筆資料

154

分析資料 – Filter

- 開啟**SORT_轉帳交易明細檔**
- 點擊 *(fx)*
- 輸入篩選條件
- 點選Verify驗證篩選條件是否正確
- 點選" OK" 完成

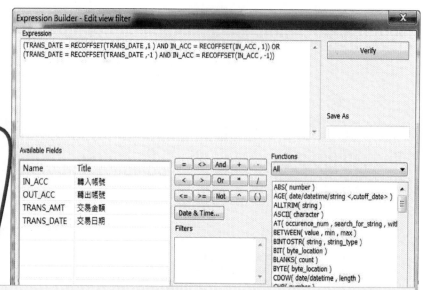

(TRANS_DATE = RECOFFSET(TRANS_DATE ,1) AND IN_ACC = RECOFFSET(IN_ACC , 1)) OR (TRANS_DATE = RECOFFSET(TRANS_DATE ,-1) AND IN_ACC = RECOFFSET(IN_ACC , -1))

分析資料 – Filter結果

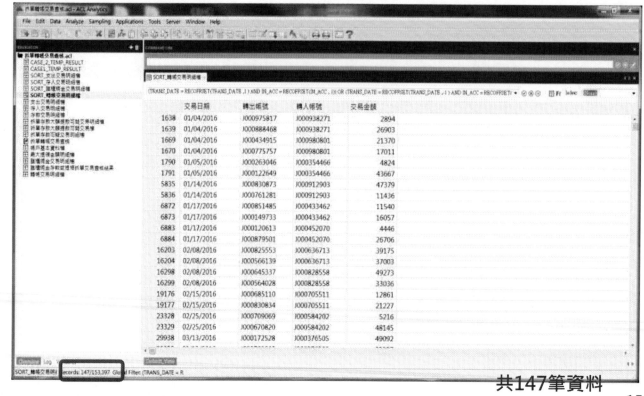

共147筆資料

分析資料 – Extract

- 在顯示篩選結果視窗
- Data→Extract Data
- 選擇Record，列出所有紀錄
- 檔名為"拆單轉入交易明細檔"
- 點選"確定"完成

157

分析資料 – Extract結果

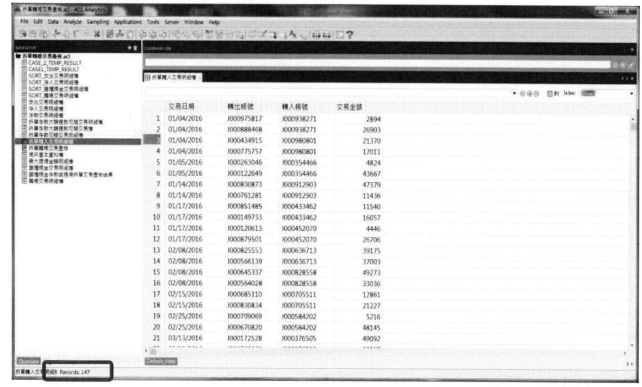

共147筆資料　158

Step2：對應出拆單轉出至數個帳戶之轉帳交易明細

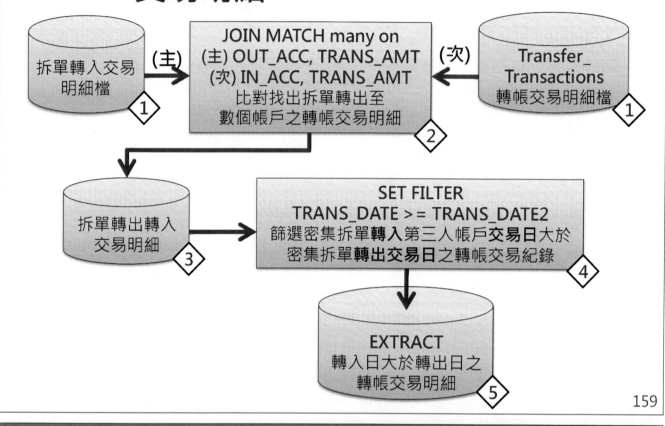

分析資料 – Join

- 開啟拆單轉入交易明細檔
- Data→Join Table
- Secondary Table選取 "**轉帳交易明細檔**"
- 主表以"轉出帳號"、"交易金額"，次表以"轉入帳號"、"交易金額"為關鍵欄位
- 勾選主表所有欄位
- 勾選次表所有欄位
- 輸入檔名為"**拆單轉出轉入交易明細表**"

分析資料 – Join

- 點選More頁籤
- Join Categories 選擇Many-to-Many Matched Records
- 點擊「確定」

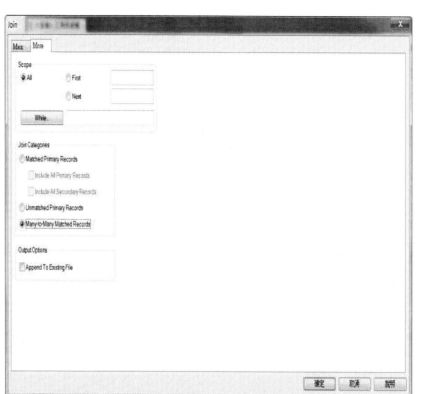

分析資料 – Join結果畫面

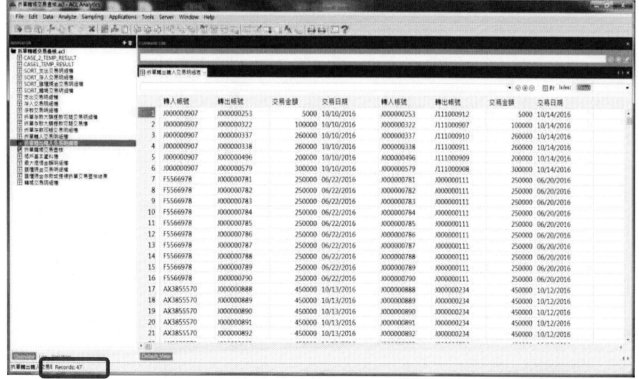

共47筆資料　162

分析資料 – Filter

- 開啟拆單轉出轉入交易明細表
- 點擊 (fx)
- 輸入**篩選條件**
- 點選Verify驗證篩選條件是否正確
- 點選" OK" 完成

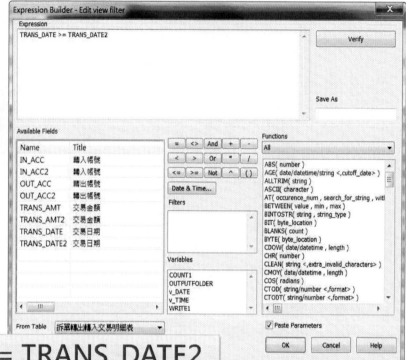

TRANS_DATE > = TRANS_DATE2

分析資料 – Filter結果

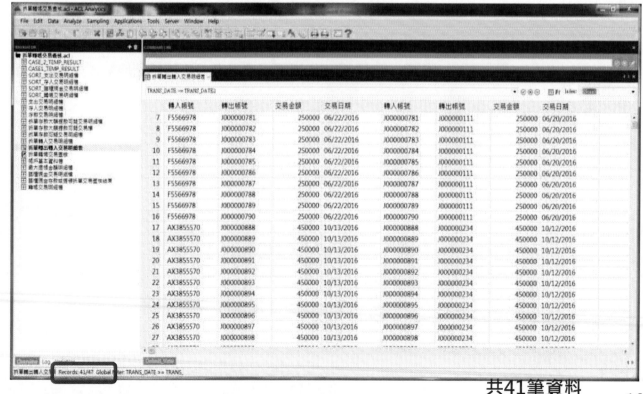

共41筆資料

分析資料 – Extract

- 在顯示篩選結果視窗
- Data→Extract Data
- 選擇Record，列出所有紀錄
- 檔名為"**轉入日大於轉出日之轉帳交易明細表**"
- 點選"確定"完成

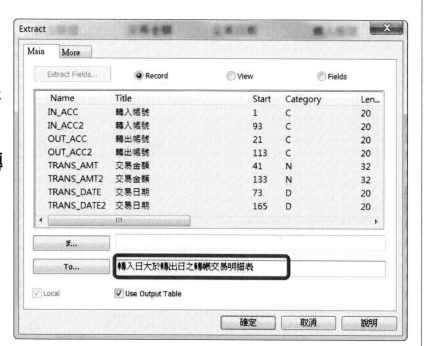

分析資料 – Extract結果

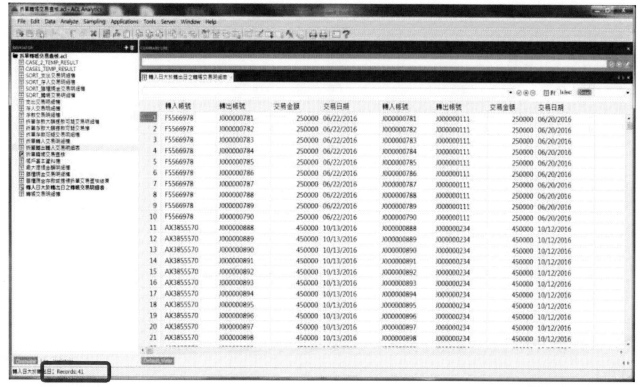

共41筆資料

Step3：列出上下筆有相同轉出初始帳戶、相同轉入第三人帳戶之轉帳交易明細

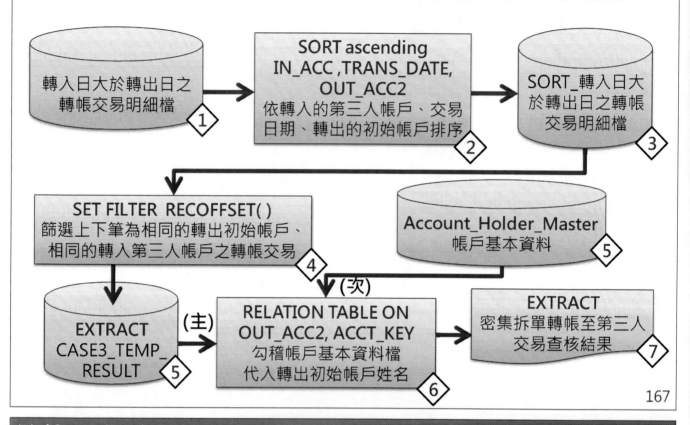

167

分析資料 – Sort

- 開啟**轉入日大於轉出日之轉帳交易明細檔**
- 點擊
  Data→Sort Records
- 點擊Sort on，選擇
第三人帳戶(IN_ACC)
  小→大排序
交易日期(TRANS_DATE)
  小→大排序
轉出的初始帳戶(OUT_ACC2
  小→大排序

  點選OK
- 檔名輸入"**SORT_轉入日大於轉出日之轉帳交易明細檔**"
- 點選"確定"完成

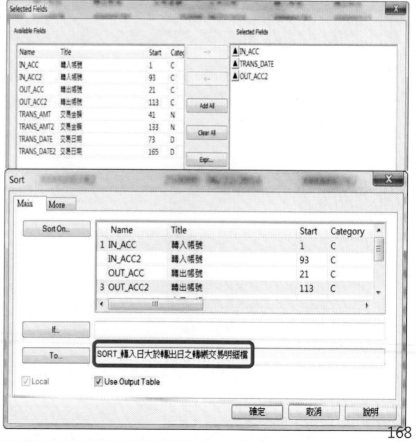

168

分析資料 – Sort結果

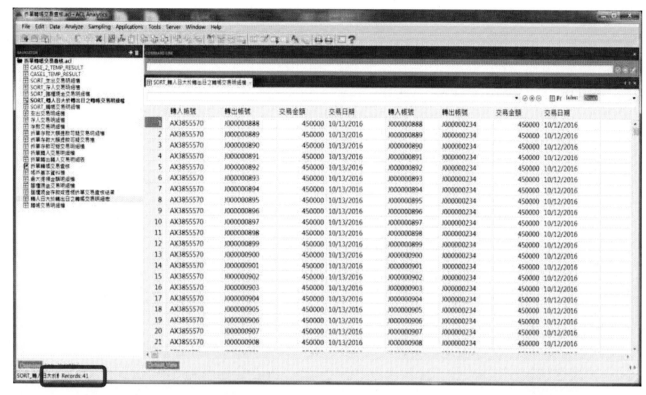

分析資料 – Filter

- 開啟SORT_轉入日大於轉出日之轉帳交易明細檔
- 點擊 (fx)
- 輸入篩選條件
- 點選Verify驗證篩選條件是否正確
- 點選" OK" 完成

(IN_ACC = RECOFFSET(IN_ACC , 1) AND OUT_ACC2 = RECOFFSET(OUT_ACC2 , 1)) OR (IN_ACC = RECOFFSET(IN_ACC , -1) AND OUT_ACC2 = RECOFFSET(OUT_ACC2 , -1))

分析資料 – Filter結果

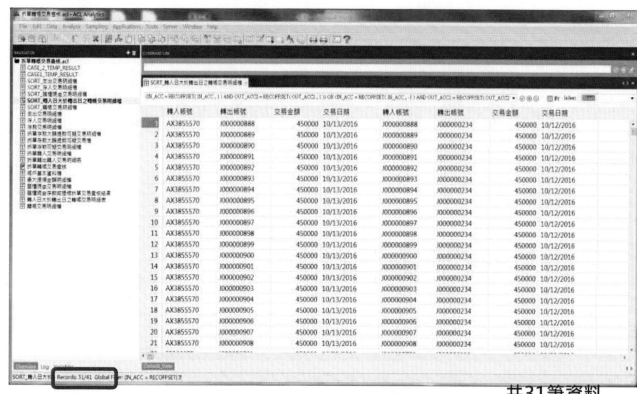

共31筆資料

分析資料 – Extract

- 在顯示篩選結果視窗
- Data→Extract Data
- 選擇Record，列出所有紀錄
- 檔名為" CASE3_TEMP_RESULT "
- 點選"確定"完成

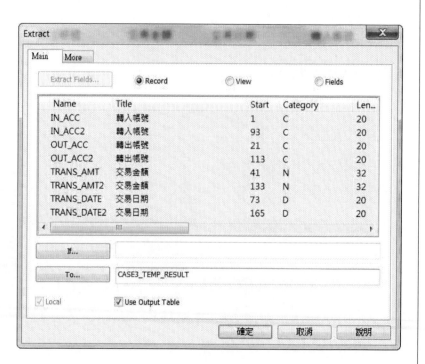

分析資料 – Extract結果

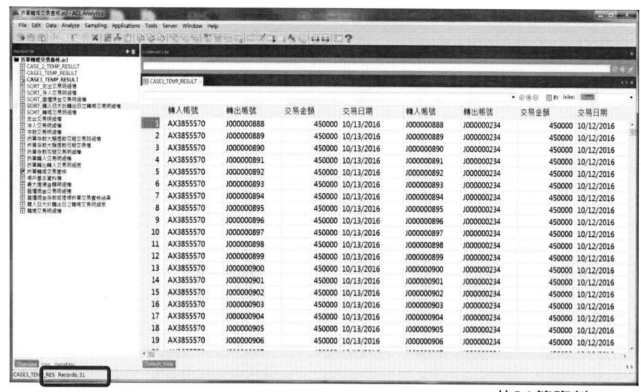

共31筆資料

173

分析資料 – Relation

- 開啟 **CASE3_TEMP_RESULT**
- Data→Relate Tables
- 點選 Add Table 加入 **"帳戶基本資料檔"**
- 建立兩表的關聯鍵
  主表：轉出初始帳戶 (OUT_ACC2)
  次表：帳戶(ACCT_KEY)
- 點選「Finish」

174

分析資料 – Extract

- 在 **CASE3_TEMP_RESULT**
- Data→Extract Data
- 點選Fields
- 點擊Extract Fields 按鈕
- 在From Table 點選 Account_Holder_Master，列出**客戶名稱、開戶行員**。

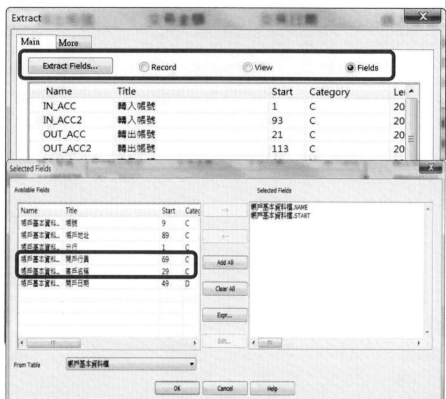

分析資料 – Extract

- 在From Table 點選 CASE3_TEMP_RESULT ，列出**所有欄位**。
- 點選OK
- 檔名為"**密集拆單轉帳至 第三人交易查核結果**"
- 點選"確定"完成

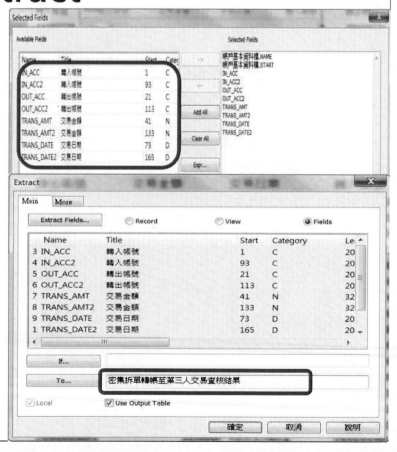

分析資料 – Extract結果

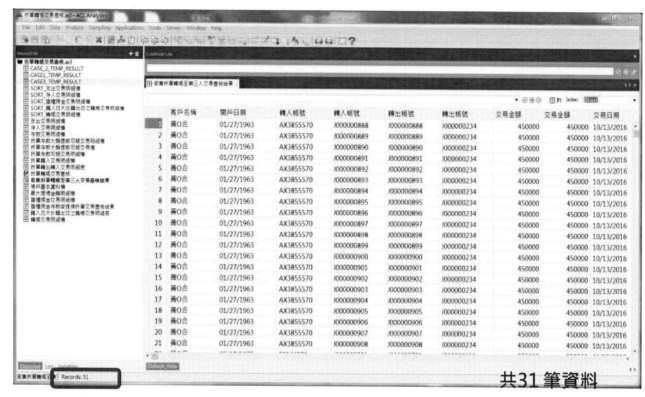

共31筆資料

甚麼是持續性稽核?

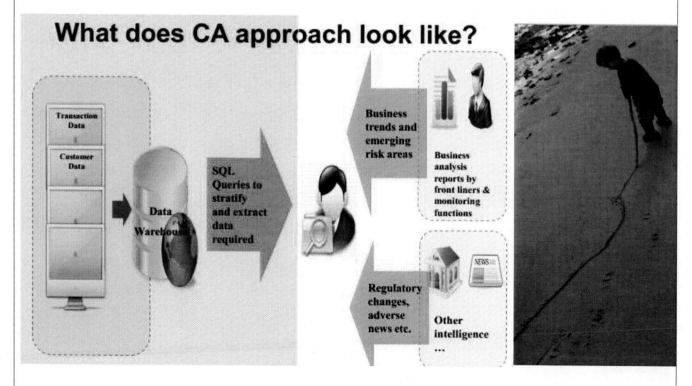

洗錢防制持續性稽核元件開發實作練習

- **將手動操作分析改為自動化稽核**
  - 將專案查核過程轉為ACL Script
  - 確認資料下載方式及資料存放路徑
  - ACL Script修改與測試
  - 設定排程時間自動執行

- **使用持續性稽核平台**
  - 包裝元件
  - 掛載於平台
  - 設定執行頻率

複製Log 成為SCRIPT程式

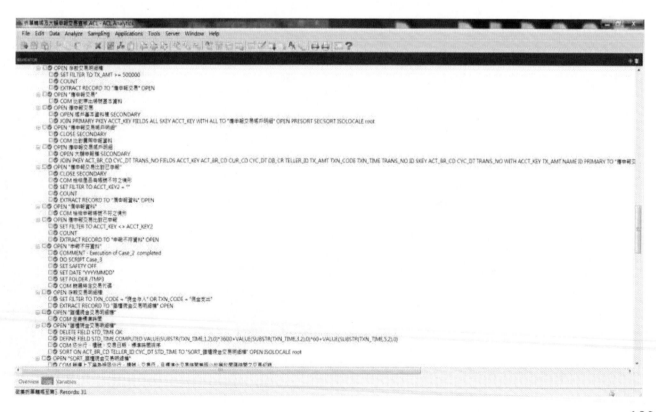

編輯SCRIPT

- COM STEP1：資料匯入環境設定
- SET SAFETY OFF
- DELETE FORMAT 存款交易明細檔 OK
- DELETE FORMAT 帳戶基本資料檔 OK
- DELETE FORMAT 轉帳交易明細檔 OK
- DELETE FORMAT 大額申報檔 OK
- DELETE 存款交易明細檔.Fil OK
- DELETE 帳戶基本資料檔.Fil OK
- DELETE 轉帳交易明細檔.Fil OK
- DELETE 大額申報檔.Fil OK

稽核自動化元件效用

1. 標準化的稽核程式格式，容易了解與分享

2. 安裝簡易，可以加速電腦稽核使用效果

3. 有效轉換稽核知識成為公司資產

4. 建立元件方式簡單，可以自己動手進行

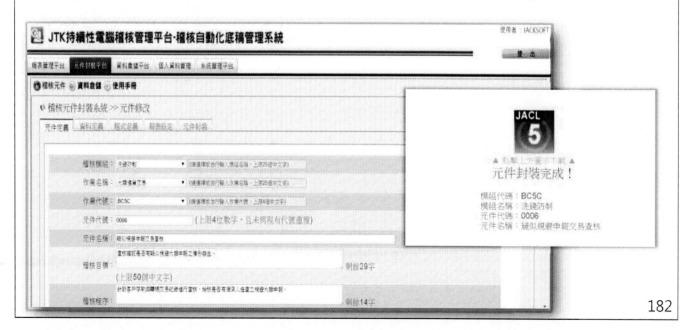

JTK 如何協助持續性稽核

	單獨使用ACL與導入持續性稽核平台(JTK+ACL比較表		
項目	差異功能	ACL	ACL+JTK(持續性稽核平台)
1	專案式稽核管理功能 (批次執行多項查核)	需個別設計與執行Script，費時且複雜	簡易操作即可將不同Script整合成專案合併執行
2	彈性設定查核排程功能	無	簡易操作介面即可進行
3	系統權限管理功能	無	可依使用者設定不同權限並可與AD結合
4	查核報表產製PDF格式	需另裝Crystal Report 軟體	可以自動產生
5	查核報表機密資料遮罩功能	無	多種報表資料遮罩設定方式
6	查核報表圖形化分析功能	無	提供多種圖表格式
7	查核報表多維度查詢功能	無	提供多角度的查詢功能
8	查核結果Email通知功能	需個別設定且技術難度高	簡易操作且可同時寄送多人
9	稽核底稿使用軌跡	無	提供使用軌跡查詢與分析圖表
10	稽核元件標準化封裝	無	提供標準化自行封裝功能，稽核知識分享與共用更容易
11	稽核資料倉儲	需個別設計且技術難度高	提供管理平台使用簡單
12	連接資料庫密碼加密	目前為明碼	提供加密功能

稽核資料倉儲
--提高稽核生產力與加快稽核知識累積與發揮價值

- 依據國際IIA 與 AuditNet 的調查，稽核人員進行電腦稽核最大的瓶頸來至於資料萃取，而稽核資料倉儲建立即可以解決此問題，使稽核部門快速的進入到持續性稽核的運作環境。

- 稽核資料倉儲技術已廣為使用於現代化的企業，其提供稽核部門將所需要查核的相關資料進行整合，提供稽核人員可以獨立自主且快速而準確的進行資料分析能力。

- 可減少資料下載等待時間、資料管理更安全、稽核底稿更方便分享、24小時持續性稽核效能更高。

建構稽核資料倉儲優點

	特性	建構稽核資料倉儲優點	未建構缺點
1	資訊安全管理	區別資料與查核程式於不同平台，資訊安全管理較嚴謹與方便	混合查核程式與資料，資訊安全管理較複雜與困難
2	磁碟空間規劃	磁碟空間規劃與管理較方便與彈性	較難管理與預測磁碟空間需求
3	異質性資料	因已事先處理，稽核人員看到的是統一的資料格式，無異質性的困擾	稽核人員需對異質性資料處理，有技術性難度
4	資料統一性	不同的稽核程式，可以方便共用同一稽核資料	稽核資料會因不同分析程式需要而重複下載
5	資料等待時間	可事先處理資料，無資料等待問題	需特別設計
6	資料新增週期	動態資料新增彈性大	需特別設計
7	資料生命週期	可以設定資料生命週期，符合資料治理	需要特別設計
8	Email通知	可自動email 通知資料下載執行結果	需人工自行檢查
9	Window統一檔案權限管理	由Window作業系統統一檔案的權限管理，資訊單位可以透過AD有效確保檔案安全	資料檔案分散於各機器，管理較困難，或需購買額外設備管理

185

善用雲端技術建構優良
洗錢防制暨反資恐內部控制與風險管理

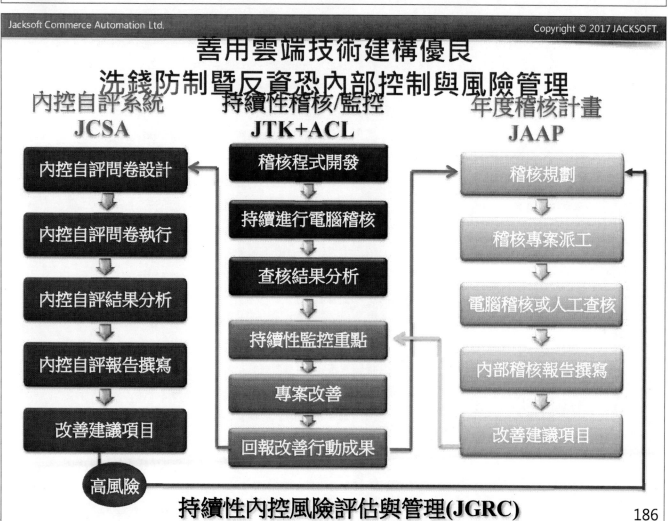

186

洗錢防制專案查核	電腦稽核	開戶注意事項查核	個人戶別查核
			公司戶別查核
			機關團體別查核
		黑名單管理作業查核	黑名單帳戶查核
			存款、轉帳、外匯等交易及重大涉案黑名單查核
			外匯交易資金來源與去處異常查核
		異常交易管理作業查核	同分行或跨行提現為名轉帳為實查核
			客戶臨櫃現金交易疑似分散作業查核
			新開戶大額存入快速匯出查核
			高洗錢風險地區交易查核
			密集拆單轉帳至第三人異常交易查核
	人工稽核		高風險疑似靜止戶洗錢查核
			資金用途不明疑似洗錢查核
			外匯分散匯款疑似規避申報查核
			外匯異常交易查核
		大額通貨交易申報作業查核	大額通貨交易資料管理查核
			大額通貨交易申報正確性及完整性查核
			疑似規避大額通貨交易申報查核
			大額通貨交易異常對象查核

洗錢防制專案查核	電腦稽核	控制環境查核	是否定期宣告讓各級單位主管與所屬人員了解?
			是否建立統籌洗錢防制相關法令遵循的單位?
			是否建立相關洗錢防制的辦法與制度?
			是否編製洗錢防制相關教育訓練教學資料?
			專責人員是否熟悉洗錢防制法令並定期受訓?
		風險評估查核	洗錢防制管理是否列為公司整體層級重要目標?
			是否定期檢核洗錢防制整體目標達成狀況?
			是否建立洗錢防制管理相關風險評估與管理程序?
			是否建立洗錢防制的風險識別機制?
		控制活動查核	是否針對洗錢防制制定適當之控制政策和程序?
			是否依據各洗錢防制相關作業逐項評估執行結果?
			是否設計與建置適用的資訊科技控制機制?
	人工稽核	資訊與溝通查核	洗錢防制專責單位是否隨時注意外部洗錢防制法令之更新?
			是否訂定洗錢防制重大事件緊急應變計畫及其啟動機制?
			是否持續依洗錢防制法規定進行申報?
			是否持續更新不合作國家名單及PEP / OFAC所列舉警示名單?
			是否持續對洗錢防制監控相關資訊系統進行電腦稽核?
		持續監督查核	各單位是否針對各項重要洗錢防制作業做好持續性監控機制?
			是否設計適當洗錢防制內部控制自行評估與檢討制度並落實執行?
			各單位違反洗錢防制相關缺失是否經適當處置與改善追蹤?

電腦稽核學習ROAD MAP
Focus on the Competency for Using CAATs

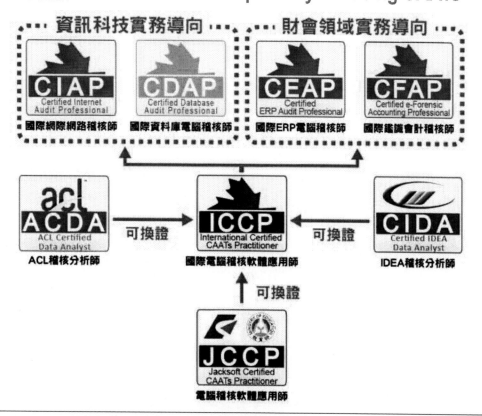

189

歡迎加入學習行列!

AS_IS MODEL

TO_BE MODEL

「電腦稽核」與「商業自動化」專家

傑克商業自動化股份有限公司　台北市大同區長安西路180號3F之2(基泰商業大樓) 知識網:www.acl.com.tw
TEL:(02)2555-7886　　FAX:(02)2555-5426　　E-mail:acl@jacksoft.com.tw

JACKSOFT為台灣唯一通過經濟部能量登錄與ACL原廠雙重技術認證「電腦稽核」專業輔導機構，技術服務品質有保障

參考文獻

1. 黃士銘，2015，ACL 資料分析與電腦稽核教戰手冊(第四版)，全華圖書股份有限公司出版，ISBN 9789572196809.

2. 黃士銘、嚴紀中、阮金聲等著(2013)，電腦稽核－理論與實務應用(第二版)，全華科技圖書股份有限公司出版。

3. 黃士銘、黃秀鳳、周玲儀，2013，海量資料時代，稽核資料倉儲建立與應用新挑戰，會計研究月刊，第 337 期，124-129 頁。

4. 黃士銘、周玲儀、黃秀鳳，2013，"稽核自動化的發展趨勢"，會計研究月刊，第 326 期。

5. 蘋果日報，2016，"《洗錢防制法》修正車手可判 5 年律師、會計師、房仲須通報異常資金隱匿罰 25 萬"
http://www.appledaily.com.tw/appledaily/article/headline/20160826/37360553/

6. 經濟日報，2014，"管控洗錢有漏洞美罰渣打銀行 90 億元"
http://edn.udn.com/news/view.jsp?aid=760733&cid=47#

7. BBC 中文網，2012，"匯豐銀行就洗錢認罰 19 億美元"
http://www.bbc.com/zhongwen/trad/world/2012/12/121211_hsbc_us.shtml

8. 大紀元，2014，"反洗錢案花旗墨西哥銀行遭聯邦調查"
http://www.epochtimes.com/b5/14/3/4/n4097038.htm

9. 理財網，2007，"台新金對違反洗錢防制法相關規定，罰鍰 20 萬元說明"
http://www.moneydj.com/KMDJ/News/NewsViewer.aspx?a=73485655-9a02-4ef8-bcd3-a692cae172f5

10. NOWnews，2009，"澳分行涉助洗錢遭調查　兆豐銀王榮周深表遺憾、限期改善"
http://www.nownews.com/n/2009/08/17/885008

11. NOWnews，2013，"中信銀網路銀行個資外洩　金管會開罰 400 萬"
http://www.nownews.com/n/2013/08/22/575872

12. 自由時報，2016，"反洗錢太嚴苛？美罕見聲明：九成五違失不罰"
http://news.ltn.com.tw/news/focus/paper/1028153

13. 風傳媒，2016，"龐迪觀點：防制洗錢和資助恐怖主義，不能只是紙上談兵！"
http://www.storm.mg/article/168825

14. 民報，2016，"揭露完整裁罰內容! 兆豐銀洗錢案美方全都露"
http://www.peoplenews.tw/news/5105022e-3a21-4cd4-a41c-2f0562e2fc49

15. 中央通訊社，2016，"兆豐案金管會裁罰 1 千萬解除 6 人職務"
http://www.cna.com.tw/news/firstnews/201609145023-1.aspx

16. 蘋果即時，2016，"【美菲洗錢案】330 億元大竊案　國泰金轉投資菲國銀行遭利用"
http://www.appledaily.com.tw/realtimenews/article/new/20160311/813496/

作者簡介

黃秀鳳 Sherry

現　任

國際電腦稽核教育協會(ICAEA)大中華分會長

傑克商業自動化股份有限公司總經理

專業認證

ACL Certified Trainer

ACL 稽核分析師(ACDA)

國際 ERP 電腦稽核師(CEAP)

內部稽核師（CIA）全國第三名

國際內控自評師(CCSA)

ISO27001 資訊安全主導稽核員

學　歷

大同大學事業經營研究所碩士

主要經歷

超過 500 家企業電腦稽核或資訊專案導入經驗

傑克公司副總經理

耐斯集團子公司會計處長

光寶集團子公司稽核副理

安侯建業會計師事務所高等審計員

洗錢防制查核實例演練：
拆單轉帳與規避大額通貨申報交易查核

發行人 / 黃秀鳳

出版機關 / 傑克商業自動化股份有限公司

地址 / 台北市大同區長安西路 180 號 3 樓之 2

電話 / (02)2555-7886

網址 / www.jacksoft.com.tw

出版年月 / 2017 年 01 月

版次 / 1 版

ISBN / 978-986-92727-4-2

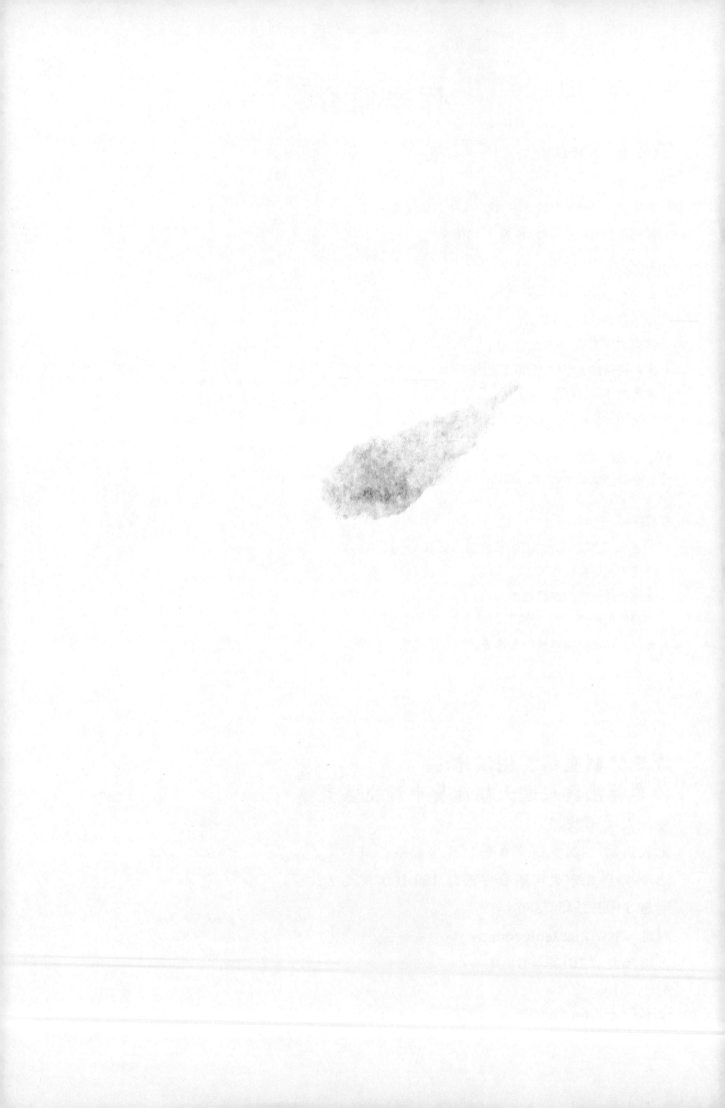